健康与绿色建筑 HEALTH AND GREEN BUILDING

蔡大庆　郭小平　著
CAI DAQING　GUO XIAOPING
中国建筑技术集团有限公司　出品
CHINA BUILDING TECHNIQUE GROUP CO., LTD.

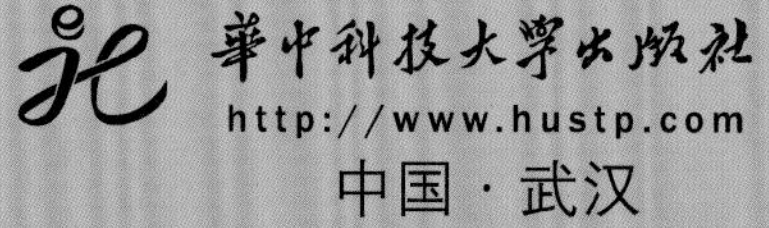

中国 · 武汉

HEALTH AND GREEN BUILDING

前 言

自 1983 年可持续发展的概念被世界环境与发展委员会 (Brundtland Commission)《我们共同的未来》(《布伦特兰报告》) 引入后，在可持续发展的原则指导下，出现了可持续建筑的概念。可持续建筑将生态建筑纳入其范畴中，更加全面系统地引导生态建筑的发展。1998 年，世界卫生组织 (WHO) 公布了《21 世纪健康 ——21 世纪人人享有健康》(*Gesundheit 21— Gesundheit für Alle im 21. Jahrhundert*)[1]。该战略旨在促进和支持这一进程，以改善所有人的生活质量和环境条件，维护公正、公平的意义。这一标题明确确立了与平行的主要全球可持续发展方案《21 世纪议程》(*Agenda 21*) 在内容上的密切关系。“健康促进”和“环境”这两个单独的领域在一个共同的章节中紧密相连。在题为“促进可持续健康的多部门战略”(Multisektorale Strategien für nachhaltige Gesundheit) 的议程中制定了一项基本目标，即促进形成健康的环境，并通过注重健康的决定，为可持续健康创造机会[2]。

2020 年 9 月 22 日，中国国家主席习近平在第七十五届联合国大会上提出，中国将力争于 2030 年前（碳排放）达到峰值，努力争取 2060 年前实现碳中和。这一项关于我国长期的宏伟愿望和人类未来命运的重磅声明，在中国主动顺应全球低碳发展的潮流中，将低碳发展与碳中和确立为中国长期可持续发展与繁荣的战略，表现出中国支持可持续发展的决心和国家对于人类命运所承担的责任。

2021 年 10 月，中国国家主席习近平以视频的方式出席了《生物多样性公约》第十五次大会。习近平指出:“生物多样性使地球充满生机，也是人类生存和发展的基础。保护生物多样性有助于维护地球家园，促进人类可持续发展。……昆明大会为未来全球生物多样性保护设定目标、明确路径，具有重要意义。国际社会要加强合作，心往一处想、劲往一处使，共建地球生命共同体。[2]”

可持续发展与可持续建筑的概念在我国已上升到“生态文明”的维度，生态文明的概念已列入中国共产党第十八次全国代表大会通过的《中国共产党章程》，它是发展现代生态社会的愿景和框架，同时也是中国绿色发展的基本概念。在中国“十三五”规划（2016—2020 年）期间，绿色发展被列为重中之重，是贯彻落实十八届五中全会“创新、协调、绿色、开放、共享”五大发展理念的核心，它指导我国生态建筑的发展。自 2006 年以来，我国很多城市开始建设生态建筑，其中，包含了各种类型的节能建筑、被动式建筑，以及生态城市和生态小区。

2019 年底新型冠状病毒的出现，使人类重新认识到健康的重要性。可持续发展不仅关乎人类健康，也会影

[1] 见世界卫生组织，1997 年；欧洲区域：世界卫生组织 1998 年和 1999 年；健康促进 3：渥太华之后的发展。

[2] 世界卫生组织，1999 年，第 5 章，第 91 页及其后 https://leitbegriffe.bzga.de/alphabetisches-verzeichnis/nachhaltigkeit-und-nachhaltige-gesundheitsfoerderung/

响国家安全和个人尊严。疫情的发展迫使建筑师重新思考建筑的意义、功能和职责。建筑不只提供居住的功能，同时负有促进健康和遏制疾病的责任。

城市的发展过程中曾多次遭遇疫情。18 世纪巴黎天花和瘟疫的流行，迫使城市规划师乔治 • 欧仁 • 霍斯曼 (Baron Georges-Eugene Haussmann) 启动对巴黎的改造，而伦敦经历了 1954 年霍乱的流行后重新配置了城市基础设施。疾病助推了城市的发展，启发了建筑师重新认识建筑设计，迫使我们改变设计思路，重新建立新的建筑设计秩序，以应对未来突发情况，促进人类的长远发展。

“健康与绿色建筑”中“健康”与“绿色”是相互紧密关联的课题。绿色建筑的多个设计理论与原则也适用于健康的环境与建筑，但这并不意味着绿色建筑等于健康建筑。健康建筑的意义在于健康建筑在绿色建筑的原则下，通过生物设计策略、健康的光线与空气的引入、绿色中庭的策略，以及相关标准的参考和应用，提供健康与绿色的建筑与环境，推动健康行为并促进健康生活。

本书共 7 章，内容如下。

第 1 章介绍可持续建筑与可持续健康的基本概念，梳理可持续建筑与可持续健康的关系，为健康建筑提供基础理论。

第 2 章论述健康建筑的基本概念和理论来源，并通过项目实践来解读理论的实践性。

第 3 章论述亲生物建筑与生物气候建筑，从生物建筑的角度讨论健康建筑。

第 4 章讨论光线与空气对健康的影响，借助自然光线和空间影响健康。

第 5 章讨论健康建筑的塑造，通过对中庭、办公和住宅的讨论，塑造健康的室内环境。

第 6 章讨论改造建筑的健康概念，通过对老建筑的改建注入健康因素，使之成为现代的健康建筑。

第 7 章为结语，对全书进行总结。

读者阅读这本书，可以了解健康建筑的基本概念，扩展它的理念，推动绿色建筑的发展，改变生活模式，促进健康生活。

摘 要

健康是绿色建筑的一个重要要求，它的意义甚至超越绿色建筑的本质，因为可持续发展目标均以人类社会的健康与幸福为核心，而健康的建筑与环境是人类健康与幸福的前提条件。城市空间的尺度、建筑空间的设定，以及生活环境的优劣直接影响了人们的健康水平。因此，建筑环境的设计是健康的决定因素。建筑师通过引入“健康建筑”的概念与系统，促使建筑专业与公共卫生更加协调，使城市、环境、建筑均以健康为核心目标发展。

本书以健康生活为目标，通过对健康与绿色的深入研究，挖掘和梳理健康建筑的重要因素及内容，从生物学、物理学的角度，归纳出健康建筑的几种技术理论策略与实践。该策略与实践包含健康建筑、亲生物建筑与生物气候建筑、健康光线与空气、健康建筑的重建与改建。该研究成果以启示、鼓励和促进健康建筑与绿色建筑的发展为原则，提出了指导性策略，支持和推动生态建筑的理论与实践的发展。

健康与绿色建筑的时代意义涵盖了可持续发展理念的延伸，遏制气候变化和阻止物种灭绝的行动力和方法，以及科学的思维方法与技术的发展在建筑中的实际应用。

Abstract

Health is an important factor of green building, and its significance can even go beyond the essence of green building, because the sustainable development focuses on the health and happiness of human society, and healthy building and environment are the prerequisite for human health and happiness. The scale of urban space, the setting of architectural space and the quality of living environment affect people's health directly. Therefore, the design of the built environment is a determinant of people's health. Architects promote the coordination between architecture profession and public health by the introduction of the concept and system of "healthy building", so that the city, environment and architecture all take health as the core goal of development.

This book takes promoting healthy life as a goal, studies into health and green deeply, sorts the important factors and content to promote healthy building, sums up the theoretical strategy of healthy architecture technology and leads to practical methods from the dimensions of biology and physics. The theoretical strategies and practical methods of architectural technology described in this book cover the following aspects: healthy building, biophile architecture and bioclimatic architecture, healthy light and air, healthy architecture rebuilding and reconstruction. The purpose of this book is to encourage, enlighten and promote the development of healthy buildings and green buildings, and to propose guiding strategies to support and promote the development of ecological architecture theory and practice.

The epic meaning of healthy and green building covers the extension of the spirit of sustainable development, the action power and method of curbing climate change and preventing species extinction, as well as the practical application of scientific thinking methods and technology development in buildings.

目　录

第 1 章　可持续建筑与可持续健康

"可持续"(Nachhaltig) 一词源于德国林业，由采矿领班汉斯•卡尔•冯•卡洛维兹 (Hans Carl von Carlowitz) 于 1713 年提出。他认识到，大规模的森林砍伐造成的木材稀缺与不利的生态和社会状况存在直接的联系。经过观察和分析，他要求对原木认真对待，从而使种植和砍伐保持一致 [3]。现今"可持续建筑"的词汇出自 1987 年发布的联合国《布伦特兰报告》中可持续发展的概念："人类有能力使发展具有可持续性——确保发展满足当前的需要，同时又要不损害后代满足自身需要的能力……[4]"

可持续建筑出自联合国《布伦特兰报告》中"可持续"发展的概念，而可持续健康来自世界卫生组织 (WHO) 的《21 世纪健康——21 世纪人人享有健康》中"可持续"发展的内容。虽然它们来源不同，但它们拥有共同目标——推动人类的可持续发展。

可持续发展不是简单等同于生态或者生态保护，它有更为广泛的意义。其中包括了三个重要支柱：环境要素、经济要素和社会要素。环境要素可持续被描述成为子孙后代保护自然和环境，这包括生物多样性、保护环境、保护原始形式的文化和景观空间，以及人类与自然和谐相处。经济要素可持续提出了这样的假设：经济体系旨在为获取利益和实现社会繁荣提供持久的基础，在此特别强调的是保护经济资源，以免过度开发。社会要素可持续将社会发展理解为促进社会所有成员参与社会活动的一种方式，它涉及平衡社会力量、促进社会和谐，以实现可持续发展 [5]。可持续发展意味着在日常生活、社会、教育、行政管理、各部门和政治领域中追求共同的、可持续的生态、社会和经济的目标。可持续发展为可持续建筑提供了一个广义的目标和方向，可持续建筑在可持续发展的框架下生成并发展。

1.1　可持续建筑

在国际可持续建筑的领域中存在着三种等同的建筑概念，即可持续建筑、生态建筑和绿色建筑。它们具有相同或相近的目标，但却具有不同范围和意义。事实上，国际上很多建筑师常常混用这些概念。这不是因为他们对概念认识不清，而是不同的建筑会涉及不同的范围。因此，建筑师会在不同生态议题中选择合适的概念予以解释。

生态建筑

詹姆斯•韦恩斯 (James Wines)[1] 在其《绿色建筑》(*Gruene Architektur*) 中提出了生态学与建筑学的关联："生态学为自然环境提供了一个根本性的扩展，洞察了其前所未有的工作过程，为新建筑的面貌提供了灵感基础。[6]"韦恩斯的观点肯定了生态学对建筑学的指导意义，为生态建筑设计指明了基础与来源。他认为："即使是最先进的生态设计倡导者仍在寻找整合环境技术、资源节约和审美内涵的方法。[7]"这意味着，生态建筑设计需要寻求更多技术、资源和审美的合理组合，以及更多跨界理论和技术的支持。

《生态设计》(*Ecological Design*) 的作者西姆•范•德•莱恩 (Sim Van der Ryn) 和斯图尔特•考恩 (Stuart Cowan) 在该书中为生态建筑从学术角度给出定义："有意识地塑造物质、能量和过程，以满足感知的需要和愿望。设计是一个枢纽，通过物质交换、能量的流动和土地使

[1] 詹姆斯•韦恩斯 (James Wines，1932.6.27)，美国艺术家和建筑师。

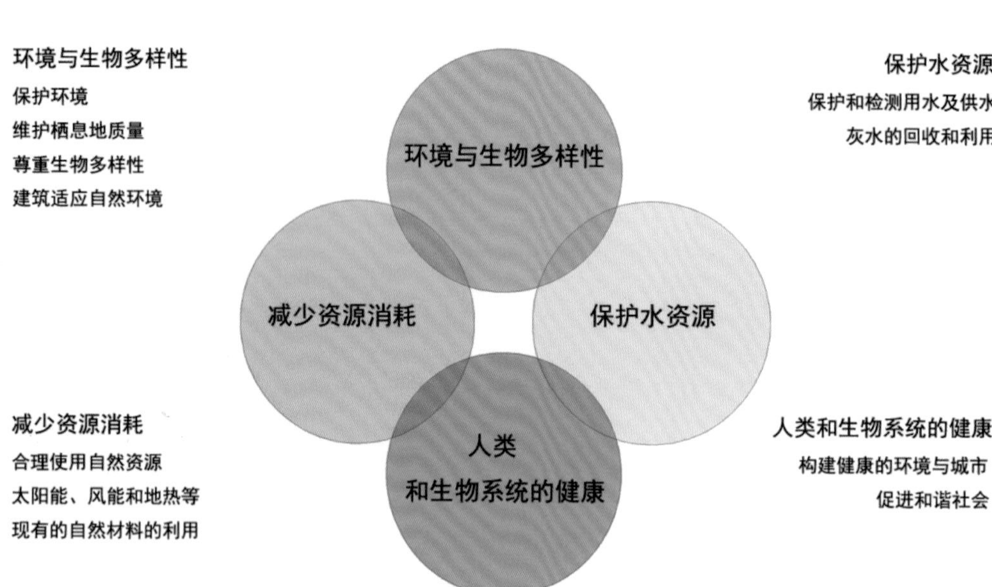

1.1

1.1 生态建筑目标框架　图表来源：作者制作

用的选择，不可避免地将文化和自然联系起来。[8]” 在他理解的生态设计中强调设计的媒介作用，将自然资源、环境及文化协同连接，创造生态建筑。他还认为环境危机和设计危机是平等的，设计、建造建筑与美化景观也是造成环境危机的原因。最终，莱恩和考恩将生态设计定义为“通过将自身与生活过程的结合，将对环境的破坏影响降至最低的任何形式的设计”，同时还补充了“将人类目的与自然自动的流动、循环和模式相结合的方式[9]”的定义。

通过对《生态设计》一书的分析，归纳出生态设计的五项原则。①“解决方案源于地方”: 这意味着地方的人、物质和生态特征是设计及其过程的背景。②“生态告知设计”：在设计和建造中起着至关重要的作用，如同《绿色建筑评估体系》（*Leadership in Energy & Environment Design Building Rating System*，简称 LEED）中的内容一样，财务指标与场地、能源、水、材料和室内空气质量具有相同作用。③“自然设计”：指人类建造环境、应用的技术、社会制度及模型与自然结合的设计。④“人人都是设计师”：让公众参与设计。⑤“让自然可见”：可以使自然和生命系统、过程具备可见度。该五项原则可以转换为五个生态设计目标，即“尊重生物多样性”“减少资源消耗”“保持营养和水循环”“维持栖息地质量”和“人类和生态系统的健康”。

莱恩和考恩从理论角度概述了生态设计原则，前瞻性地提出了“尊重生物多样性”，并顾及“维持栖息地质量”多元化的生态保护原则，为生态建筑设计提出了理论基础，而对“生态设计”概念的表达方式，是在寻求一种统一的方法来设计可持续建筑系统。

根据美国绿色建筑委员会 (The U.S.Green Building Council) 制定和管理的能源、环境设计 LEED 标准，生态建筑设计原则包含 4 个方面。①能源，通过调整建筑的位置、朝向和季节变化来充分利用太阳能源。根据地理位置使用不同的、适合区域的能源，包括太阳能源、风能、地热、生物能、水、天然气，必要时还可以包括石油和核能。②材料，使用本地现有且不含有害化学物质的可回收、可再生及低能耗的建筑材料。根据整个建造周期评估材料消耗，包括无污染的原材料，同时评估产品的耐久性和回收利用的可能性，还应该考虑材料在运输过程中的能源消耗，并对材料与产地的距离进行彻底评估。③水，保护和检测用水及供水。灰水（即使用过的水）应被净化和回收，同时应逐步为每个建筑安装集水设施。④环境，只要有可能，重新利用现有建筑并保护周围环境，在建筑物内和周围设置屋顶花园和广泛地种植[10]。

LEED 标准为生态建筑提供一个相对全面的技术原则。

该原则在建筑设计和实践中被世界建筑师和开发商认同和接受。通过这一标准我们可以评判现在和过去生态建筑的等级和类型归属。

通过上述理论的研究和 LEED 技术标准的分析，梳理出现今生态建筑的目标框架。①环境与生物多样性 —— 保护环境、维护栖息地质量、尊重生物多样性、建筑适应自然环境。②减少资源消耗 —— 合理使用自然资源，包含太阳能、风能和地热等，以及现有的自然材料。③保护水资源 —— 保护和检测用水及供水，以及灰水的回收和利用。④人类和生物系统的健康 —— 构建健康的环境与城市，促进和谐社会。

能源节约

有效利用能源

水和其他资源

使用可再生能源

使用自然资源

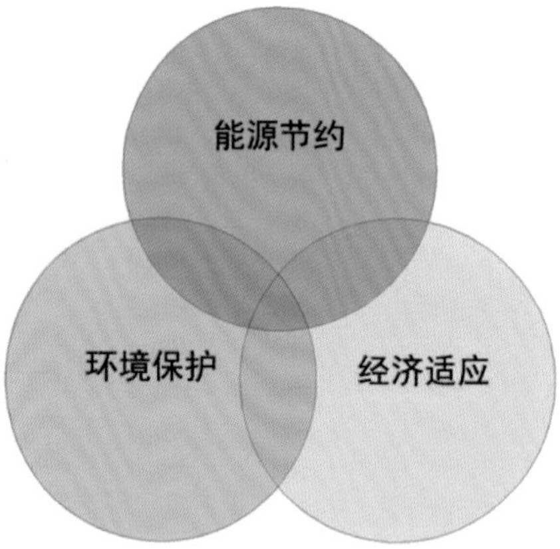

经济适应

健康高效的适应空间

建筑提供良好生活质量

环境保护

减少污染和废物的措施

实现再利用和再循环

使用无毒的可持续的材料

1.2

1.2 绿色建筑目标框架　图表来源：作者制作

绿色建筑设计

在学术界，绿色建筑的概念比较模糊。建筑师格雷厄姆 • 法默 (Graham Farmer)[1] 和城市学学者西蒙 • 盖伊 (Simon Guy)[2] 认为，绿色建筑，虽然在基本环境问题上有明确的共识，但定义和代表绿色建筑的因素不够明确 [11]。或许，绿色建筑包含了生态建筑和可持续建筑的内容，而使其定义存有不确定性。建筑评论家戴扬 • 苏德吉齐 (Deyan Sudjic)[3] 从另外的角度分析了这一问题，他相信绿色建筑设计和绿色哲学与理想之间有很长的距离，可能是因为定义不够明确，如他所说："设计真正的绿色建筑还远远不是一门精确的学科，我们通过外观来判断。如果建筑物看起来是手工制作的，并且是由'天然材料'建造的，我们就假设它是绿色的。[12]"

世界绿色建筑理事会 (World Green Building Council) 对绿色建筑的定义是："绿色"建筑是指在设计、施工或运营过程中，减少或消除对气候和自然环境的负面影响，并能产生积极影响的建筑。绿色建筑保存了宝贵的资源，提高了我们的生活质量 [13]。世界绿色建筑理事会对绿色建筑的解读，更多是关注单体建筑的生态与能源功效和对环境的友好领域，同时包含了最终的生活质量。美国联邦环境管理局办公室 (The Office of the Federal Environmental Executive) 给出了相近的定义：通过在整个生命周期中更好地选址、设计、施工、运营、维修和拆除，以提高建筑物及其场地使用能源、水和材料的效率，并减少建筑对人类健康和环境的影响 [14]。

中华人民共和国住房和城乡建设部于 2019 年修订的《绿色建筑评价标准》(GB/T 50378—2019) 中，将绿色建筑定义为在全寿命周期内，节约资源、保护环境、减少污染，为人们提供健康、适用、高效的使用空间，最大限度地实现人与自然和谐共生的高质量建筑 [15]。《绿色建筑评价标准》对于绿色建筑的定义，确定了"在全寿命周期内"最大限度地节约资源，意味着其包含了可持续发展中的"生态"的内涵，而"为人类提供健康、适用、高效的使用空间"包含了可持续发展中"社会与经济"的概念。

从上述三个定义分析，中国《绿色建筑评价标准》对绿色的定义更为全面，它涉及环境与能源，同时具备可持续发展的内涵。由此可见，绿色建筑的定义可以归纳为三个基本要素：能源节约、环境保护、经济适应。

可持续建筑

建筑师约瑟夫 • 科里 (Joseph Cory)[4] 在第七届耶路撒冷讨论会上发表的文章《可持续设计中的第五要素》中，通过对古代理论中的经典元素土、水、空气、火和非物质的第五元素的分析，从理论到实践，获得了可持续建筑的设计方法中每种元素的表现形式。第一要素 —— 土，以地球为基础，利用现有的气候、地理条件，对建筑群进行定位，评价其与环境的关系，获取基础资料。第二要素 —— 水，低耗水量，做到雨水和灰水的截留利用。第三要素 —— 火，火等同于能源，高效利用太阳光、自然光等自然资源。第四要素 —— 气，关注城市风向，选择最佳位置，利于建筑设计中的自然通风和能源效率。第五要素 —— 非物质要素，项目的创新性和教育性贡献，以及社会价值和意义。

综合可持续发展的三个重要支柱和上述理论分析，可持续建筑包含了范围更广的内容。它在生态、经济和社会的框架下形成了包含生态建筑目标在内的可持

[1] 格雷厄姆 • 法默 (Graham Farmer)，英国纽卡斯尔大学建筑学院学者。
[2] 西蒙 • 盖伊 (Simon Guy)，英国兰卡斯特大学学者。
[3] 戴扬 • 苏德吉齐 (Deyan Sudjic)，英国作家和建筑评论家。
[4] 约瑟夫 • 科里 (Joseph Cory)，以色列创新建筑师，毕业于以色列理工学院，在全球范围内讲授可持续建筑。

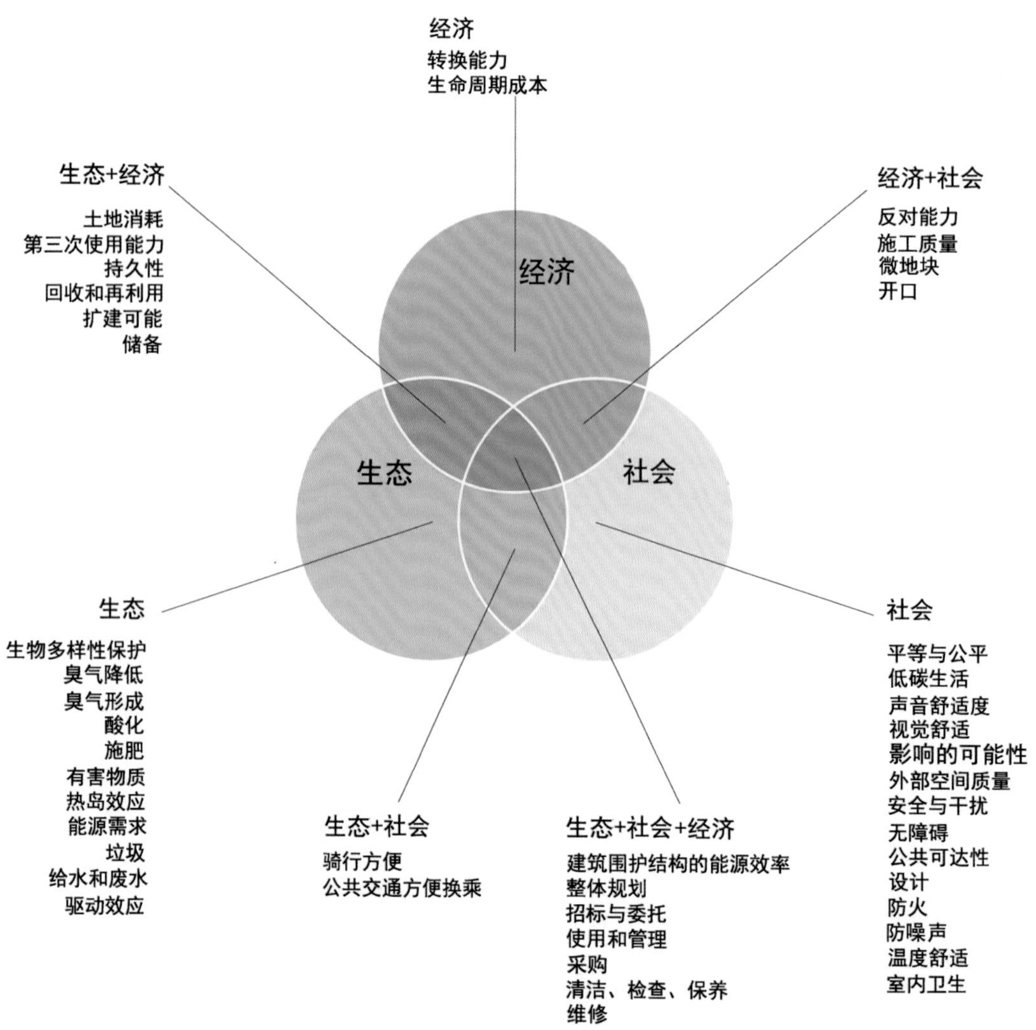

1.3

1.3 可持续建筑目标框架　图表来源：Deutscher Stahlbau, Gute Beraten

续建筑目标。德国钢结构建筑评估机构 (Deutscher Stahlbau,Gute Beraten) 对可持续建筑进行了研究和总结，并得出以下目标。该目标是现阶段相对完善的理论与实践的结果。

1.2 可持续健康

为了系统地促进可持续发展，应该将健康的环境与建筑系统结合在可持续发展中，使可持续建筑涵盖可持续健康的内容，成为可持续的健康建筑。可持续的健康建筑包含可持续建筑的目标与理念，同时强调建筑与环境健康的终极目标。

1998 年，世卫组织 (WHO) 公布了“21 世纪卫生战略”。该战略旨在促进和支持这一进程，以改善所有人的生活质量和环境条件，维护公正、公平的意义。该全球战略全称为“21 世纪健康：21 世纪人人享有健康”[16]。该战略明确确立了与平行的主要全球可持续发展方案《21 世纪议程》在内容上的密切关系。健康促进和环境这两个单独的领域在一个共同的章节中紧密相连。在题为“促进可持续健康的多部门战略”一节中，制定了一项基本目标，即促进一个健康的环境，并通过促进注重健康的决定，为可持续健康创造机会[17]。

然而，“可持续健康”的概念并不明晰，虽然在《21 世纪卫生战略》中提出了健康促进的概念，但是《21 世纪议程》中并没有涉及到可持续环境，而是提及可持续发展，但在可持续发展中只强调了社会的发展过程（包括健康、经济和生态）。因此，在可持续健康的概念方面，存有可持续健康促进（过程）和可持续健康（状况）的概念。尽管如此，在影响长期健康决定因素方面，讨论可持续健康促进，要比讨论可持续健康更具备可持续的意义。

在可持续健康促进维度，存在一些基本概念，包括可持续性目标——能力建设和能力的发展；整体健康促进政策；环境 / 生活环境与方法；组织发展等。澳大利亚的一项研究成果表明[18]，可持续健康和发展存在九种健康决定性的因素，该研究通过 18 年的健康城市项目的研究与分析提出：健康的社会观念；领导能力、适应当地条件、处理冲突的需求；对社区参与的大力支持；承认“中立的竞争环境”，以及大学联盟和研究兴趣；国际关系和世界卫生组织领导，以及从项目成功过渡到可持续的健康促进方法。

根据现有的文献研究，世界卫生组织文件中的可持续健康理念尚未进入公共、科学和政治领域进行讨论。相信新型冠状病毒的世界性流行，会使世界卫生组织加快系统的“可持续健康”议程的工作。但是，至少有文献表明，很多学者试图总结“环境、健康与可持续性”。“可持续健康促进”通常被理解为国际性健康发展的政治词语，没有系统性的解释和专业性的策略支持。

尽管世界卫生组织对可持续健康的概念陈述得不够完善和系统，但并不影响可持续健康概念的发展。德国学者基于对可持续健康的理解，提出了一种全面的促进方法。他将物理环境和社会环境相关联，通过结构模型对健康数据和健康评估报告进行分析研究，提出了四项疑问框架。

(1) 是否在所有政策领域建立前瞻性评估措施和计划的健康兼容性，并使其成为行动的基准的例行程序？

(2) 是否存在旨在减少健康威胁和增加卫生资源的永久性战略、计划和措施？

(3) 与临时性项目和措施相比，是否有可持续健康的促进机制？

(4) 是否有制度化的流程和工具用于健康促进总体政策的规划、实施和质量保证，尤其是持续健康报告和健康影响评估。[19]

虽然上述四个疑问框架不够完善，而且不足以制定全面的可持续健康的系统性原则，但它是一个初始的框架，为未来的程序制定提供了基础。2018 年德国学者发表了以“未来之城——健康与可持续，部门与原则的桥梁”(Stadt der Zukunft—Gesund und nachhaltig, Brückenbau zwischen Disziplinen und Sektoren) 为题的文章。文中提出：“从本质上讲，可持续城市健康是一种在城市社会中实现健康和可持续性的整体方法，主要在扩大视野和架起桥梁的原则下指导工作。对于生活条件和如何建设性地塑造生活条件的关注，补充了通常在健康问题和已建立的卫生服务研究中占主要地位的以个人为中心的方法。[20]”

第 2 章　健康建筑

健康是绿色建筑的一项重要的因素，它的意义甚至可以超越绿色建筑的本质，因为可持续发展目标均以人类社会的健康与幸福为核心，而健康的建筑与环境是构成人类健康与幸福的前提条件。城市空间的尺度、建筑空间的设定，以及生活环境的优劣直接影响了人们的健康水准。因此，建筑环境的设计是健康的决定因素。建筑师通过“健康建筑”概念与系统的引入，促使建筑专业与公共卫生更加协调，使城市、环境、建筑均以健康为核心的目标发展。

健康的建筑与环境必须符合生态的目标与要求。健康的建筑同时也是具备可持续发展条件的生态建筑。但是，生态建筑却不等于健康建筑，因为健康建筑涉及更多与公共卫生相关的课题和系统，它需要全新的设计手法的植入和健康因素的贯彻与执行。近几年，健康建筑的概念逐渐被建筑界认识和关注，它已经成为新时期生态建筑的一种技术倾向，健康建筑将成为建筑学界的新课题。

健康建筑关系着人类的幸福。为了增进人类的幸福指数，建筑设计需要超越生态建筑的要求和参数，转向支持人类健康生活方式的更全面的设计方法与策略，推动和完善生态建筑的内容。

健康的建筑与环境可以帮助遏制疾病的流行，历史上多次疾病流行都与建筑有关，疾病过后建筑师的首要任务就是修正错误。新型冠状病毒的世界性爆发，给建筑师提出了新的诉求，健康作为建筑的一种重要因素和指标被重新认识，建筑师将重新思考建筑与环境设计中的缺陷。未来，建筑师将通过崭新的设计策略的制定、系统的健康材料的使用，塑造健康的建筑与环境，优化人们的生活方式，建立和谐、平等和健康的生态社会。

2.1　健康

人类的健康问题是当今国际社会面临的最大挑战之一，因为它直接关联了人类社会的文明进程和可持续发展的问题。越来越多的事实表明，建筑与环境是人类健康的决定性因素。世界卫生组织已经意识到，建筑与健康存在着相互制约的关系，并要求协调建筑与公共卫生之间的关系，希望建筑与环境的改变和更新，为健康的社会提供基本条件。

“健康”广义的定义是指个人或群体面临生理、心理或社会挑战时适应和自我管理的能力。世界卫生组织于 1946 年 6 月 22 日在纽约举行的健康大会中提出：“健康不仅为疾病或羸弱之消除，而系体格、精神与社会之完全健康状态。[21]”此定义存在诸多争议，未能反映大多数地区的健康状况，特别是疾病的预防、处理等相关问题。后来也有国际组织提出新的定义，将健康与个人的满足相关联。美国社会学家塔尔科特 ● 帕森斯 (Talcott Parsons)[1] 认为健康是社会的先决条件，这一定义同国际可持续发展基本要求相符。他引用的另一种定义是“健康是个人为了有效地履行其社会化的角色和任务而表现出来的最佳状态[22]” 。他从社会学的视角，描述了个人健康的标准及其与社会的关系。健康的定义一直在发展和变化，现在健康的定义包含了对社会和心理以及医疗因素之间相互关系的认识。个人在社会中发挥的作用

[1] 塔尔科特●帕森斯 (Talcott Parsons，1902.12.13 —1979.5.8)，美国社会学家，他被认为是自第二次世界大战到 20 世纪 60 年代最有影响力的社会学理论家。

也被视为健康的一部分，其中包含了生物和生理症状。健康不再仅仅是获得医疗服务，而是由一系列与建筑环境相关的因素决定的结果。

健康在经济层面关联着国家经济的发展和健康成本。当疾病流行时，国家和社会要付出多倍的成本，以遏制疾病的进一步传播，这对于发展中国家的经济和财务而言，将变得难以承受。世界经济论坛 (World Economic Forum) 于 2011 预测：在未来 20 年，疾病的经济影响将超过 30 万亿美元，相当于 2010 年全球 GDP 的一半[23]。根据世界银行的统计，2020 年新冠肺炎疫情导致世界经济相比 2019 年下降了 4.3%。而中国因对新冠肺炎疫情进行高效防控，经济增长率保持在 2%[24]，且中国是唯一在大经济体中保持经济增长的国家。这充分说明，健康将影响世界经济的发展。

同建筑相关的健康问题是因为生活方式错误而引发的疾病。英格兰公共卫生组织公布的数据显示，超过 60% 的疾病归因于生活方式[25]。社会的行为模式、社会环境和建筑环境造成了“生活方式疾病”。生活方式疾病是指不是由其他病原体的感染或传播引发的疾病，如心血管、癌症、糖尿病和肺病等。在新冠肺炎疫情爆发之前，因生活方式产生的疾病造成的过早死亡超过其他传染病[26]。要选择健康的生活方式，首先要构建健康的建筑与环境。

2.2 健康建筑

虽然生态建筑和当代建筑中含有健康的因素，在建筑实践中建筑师也考虑了一些健康的问题，但从未有过建筑师将健康问题置于生态建筑的首要地位。建筑师创造了适合环境与气候的建筑，但并不意味着这些建筑是健康建筑。2010 年克里斯多夫 • 英恩霍文（Christoph Ingenhoven）被邀请参加谷歌总部大楼的设计竞赛时，开发商提出了“以健康为核心的生态建筑”的要求，将健康的概念置于生态建筑的首要位置。健康作为一个未量化的指标，在建筑设计中优先考虑并采取措施得以实施。至此，健康问题作为生态建筑的一项重要元素被业界关注和认同，同时成为衡量生态建筑效率的一项重要指标。

健康建筑在国际政治的概念，源于世界卫生组织在联合国的框架下提出的目标和要求：“为人类建立更好，更健康的未来。[27]” 1998 年，世界卫生组织发布了“21 世纪健康：21 世纪人人享有健康”战略。该标题明确了与其平行的全球可持续方案《21 世纪议程》在内容上的密切关系。健康促进和环境这两个单独领域在一个共同的章节中紧密相连。在标题为“促进可持续健康的多部门战略”的一节中，制定了一项基本目标，即促进一个健康的环境，通过促进注重健康的决定，为可持续健康创造机会[28]。

健康建筑可以在可持续发展的框架下，有利于人们身体、心理及社会的全面健康，也有利于社会稳定和增加幸福指数。健康建筑在不同国家和地区应有不同层次的诉求。在发达国家，健康建筑可以增强国民健康指数，减少社会人群心理疾病，帮助企业提高生产力。在发展中国家，健康建筑可以遏制疾病的流行，改变地区人的卫生习惯，建立健康的生活方式，提高地区的健康水平，稳定社会和保障地区的安全。

荷兰建筑学院 (Dutch Architecture Institue) 前院长奥莱 ● 布曼 (Ole Bouman)[1] 在一次采访中提出："我认为是时候再次将建筑学定位为一门责任重大的学科了。历史证明，经过时间考验的建筑是为更大的社会问题提供答案的建筑。[29]"布曼认为建筑可以用来解决重大的社会问题，而健康问题及生活方式问题可以看作被解决的社会问题。所以，健康关联了诸多的社会问题，健康建筑成就健康社会。建筑师可以通过专业的设计和系列的施工协调，构建健康的建筑与环境。

2.3 理论研究

健康建筑作为一个崭新的课题，虽然有众多文献和论述，但还未形成系统的理论与实践。笔者根据现有的文献及实践项目，提出两种线索的理论指导，以探索健康建筑。其一，由美国经济学家理查德 ●H. 塞勒 (Richard H.Thaler)[2] 和卡斯 ● R. 桑斯坦 (Cass R.Sunstein)[3] 提出了"助推"理论，他们从行为学的角度帮助人们选择正确的行为。其二，由美国社会医学家亚伦 ● 安东诺夫斯基 (Aaro Antonovsky)[4]，提出了"感知连贯性"理论。事实证明，连贯感与心理健康、社会支持、压力和适应力等健康变量关系紧密。研究"感知连贯性"理论可以帮助我们对心理和生理的健康有更为准确的认知。

建筑师在空间与导向的设计中，应帮助人们选择正确的行为和方式，限定不健康的行为，引导正确与健康的动作。建筑师应该在人们选择正确的行为时给予一定的推动，这种推动可以理解为"助推"。助推理论来自行为科学理论，由塞勒和桑斯坦合著的《助推》一书中提出。助推理论可以帮助建筑师在设计建筑时有意识地引导使用者的行为，推动和限定正确的方式。《助推》中提出："助推，正如我们将使用的术语一样，是选择建筑的任何方面，以可以预测的方式改变人们的行为，而不是禁止任何选择或显著改变他们的经济动机。这仅仅算作一种推动，干预必须是容易而且简单的避免行为。助推不是命令，把水果放在同视线水平的位置算是助推，而禁止垃圾食品并不能做到这一点。[30]"

《助推》是一本经济学著作，作者塞勒和桑斯坦在该书中解释了人们如何获得帮助，以确保人们的自动系统满足发射系统的需求。下面用一个商业例子来解释助推。在商店里，人们选择同类产品时，往往选择在显眼且容易触及的位置上的产品。相反，滞销的产品往往放置在不显眼的角落里。事实上，人们在商店选择商品时，没有更多的随机性，往往选择的是商家强势提供的商品，而这些商品是特意放在容易触及的位置的。把产品放置在重要的位置是商业中的"助推"，它帮助人们在众多的产品中做出抉择，帮助某一产品在同类产品获得更高的销售业绩。

塞勒和桑斯坦认为他们的理论具有家长式的意义：他们"试图使选择者根据自己的判断，并依据自己的境况以最好的方式来影响选择[31]"。当人们在选择时，自我意识会获得"助推"给予的信息，该信息将影响选择者的个人判断，最终做出"正确的"选择，即"助推"给予的选择。塞勒和桑斯坦家长式的观点引起很多批评。被引用最多的辩论之一是美国哲学家丹尼尔 ●M. 豪斯曼

[1] 奥莱 ● 布曼（Ole Bouman，1960），荷兰德国历史学家、作家，城市规划设计师和建筑策展人。
[2] 理查德 ●H. 塞勒（Richard H.Thaler，1945.9.12），美国经济学家，由于其行为金融学的卓越贡献，于 2017 年获得诺贝尔经济学奖。
[3] 卡斯 ●R. 桑斯坦（Cass R. Sunstein，1954.09.21），美国法律学者，他的专业领域为法律、环境法及法律经济行为。
[4] 亚伦 ● 安东诺夫斯基（Aaron Antonovsky，1923.12.19—1994.7.7），以色列裔美国医学社会学家，主要研究压力、健康与幸福之间的关系。

(Daniel M.Hausman) 和布瑞恩 • 韦尔克 (Brynn Welch) 的“助推还是不助推”的批评。他们的观点之一是，只有当政府限制了一个人的选择时，它才是家长式的，而塞勒和桑斯坦的观点并没有限制选择的范围，他们只会使选择更具邀请性。这样他们的“助推”理论就不会是家长式的。

从塞勒和桑斯坦的“助推”理论理解，“助推”并不具备强制性的意义。强制性的“助推”是限制人们自由，是家长式的提供。豪斯曼和布瑞恩认为，如果约翰 • 斯图尔特 • 穆勒 (John Stuart Mill)[1] 在世，他也会反对“助推”理论，因为家长主义和自由选择是不相融的对立，而穆勒是反对家长式的监护的个人自由[32]。

虽然，从理论上分析，豪斯曼和布瑞恩的反驳是有道理的，但不代表是正确的，因为“助推”是帮助人们进行正确选择，而家长式的指导是必要的程序，它可以真正“助推”，限定人们的选择，指导人们正确的行为。因此，塞勒和桑斯坦的“助推”具有家长主义的意义，而且具有广泛的意义。

“助推”理论启示我们，如何通过积极的强化和间接的建议来推动事情朝着正确的方向发展。当人们处于选择的状态时，“助推”可以帮助人们做出有益选择。在这种情况下，建筑师可以探索有关健康的生活方式与“助推”的关联，以“助推”的理论为指导，通过建筑设计来指导人们的生活方式，设计和限定健康的行为与空间。根据比利时人类学家雷纳特 • 德维施 (Rene Devisch) 的说法，健康生活是件好事，是人们想要实现的目标，这是一种主导道德。在这种情况下，建筑师可以接受这种道德指导，通过建筑的方式，帮助人们选择健康生活。

另一条重要线索出自安东诺夫斯基提出的“感知连贯性”理论。他认为，人们应对精神压力的能力，取决于个人的感知连贯性的强度。为此，他提出了“健康起源”的疑问，并认为，健康的起源可以在连续的意义上获得。他提出：“连贯感是一种全球性的取向，它表达了一个人在多大程度上拥有一种普遍的、持久的、动态的自信感。①生活过程中来自个人内部和外部环境的刺激是结构化的、可预测的，并且是可以解释的（可理解的）；②有足够的资源来满足由这些刺激带来的需求（可管理的）；③这些需求是挑战，值得投资和参与（有意义的）。[33]”

安东诺夫斯基将“感知连贯性”理论分为三个相互关联的部分构成的模型概念：①可理解性；②可管理性；③有意义。可理解性是指内在的刺激和外在的刺激在连贯性、有序性、内聚性、结构化和清晰性方面是否有意义。这意味着一个人只有在感觉到自己对问题的性质有清晰的了解时，才能应对生活中的压力源。安东诺夫斯基认为：可管理性“是一种感觉，即可以在自己的手中或合法的他人手中找到足够的资源应对压力源[34]”。这说明，我们认为可以在多大程度上支配资源，以满足我们面临的刺激带来的需求。有意义是社会责任感的重要概念，在情感意义上可以被理解为“一种看待生命价值的方式，将压力视为痛苦，但有值得应对的方式”。我们可以将生活中的困难视为值得投入的、敢于挑战的行动 ，而不是想要避免负担。

在现实生活中，当面对生活的压力时，人们可以选择

[1] 约翰 • 斯图亚特 • 穆勒 (John Stuart Mill，1806.5.20—1873.5.8)，英国哲学家、心理学家和经济学家。

以下应对方式：①对压力源保持中立，理解压力的本质；②能够控制压力，化解压力带来的负面影响；③无法控制压力，从而导致疾病和死亡。“感知连贯性”确定个人有效应对压力源的能力，以及个人在健康连续体中的位置。安东诺夫斯基认为，强烈的连贯性有利于个人应对压力，改善健康状况。强烈的连贯性通过三个领域的增强而实现：可理解性领域的增强、可管理性领域的增强和意义性领域的增强。当应对策略、知识、社会支持、承诺获得支持时，压力和疾病将得到有效控制。

“感知连贯性”理论被提出后受到学术界的普遍关注，多项研究结果表明，“感知连贯性”与健康行为、应对压力的动机和能力、良好的健康感知，以及生活质量相关联，同时，“感知连贯性”与心理健康、乐观、自尊、抑郁、焦虑和绝望相关联。南非开普敦大学的三位学者 Strümpfer、Gouws 和 Viviers 研究了这样一种假设，即连贯感只是衡量消极情感概念缺失的一种方式。消极情感是一种占主导地位的、广泛的人格特质，是一种持续和一致的体验，是反思个人及其环境的方式。他们通过对三个不同群体进行逐步多元回归分析，研究结果显示：连贯感的变化有很大一部分，即 36% 至 56%，未得到解释。他们得出结论：连贯感似乎代表一种复杂的概念。连贯感和强烈的消极情绪相关联并不意味着连贯感量表仅衡量焦虑和神经质的缺乏程度：“它们也可以被解释为对健康 / 强化的量表，如果像一些研究人员设想的那样，这种低端的超级特质可能代表了情绪稳定。[35]”

瑞典隆德大学研究组通过使用解释模型（多元化初步回归分析）来研究“感知连贯性”的概念及其与家庭关系和精神病理在瑞典背景下的关系。他们对不同组群进行问卷调查和临床试验并得出结论：“我们发现感知连贯性与所有精神病理变量之间存在的显著的消极情绪相关。家庭关系变量与感知连贯性之间的相关性也很显著。我们发现 57% 的精神病理和家庭关系变量之间的相关性是显著的。[36]” 隆德大学的研究结果同安东诺夫斯基的推论相符：连贯感同家庭之间存在关系，这意味着感知连贯性影响了多数的精神病理和家庭关系。

可理解性是理解我们所处环境、与我们所处环境协商和对话的能力。高度可理解的公共空间可以唤醒人们对空间认知的信心，减轻人们面对复杂空间序列和结构的压力，使人们轻松停留、工作和行动。一个可理解的空间在心理上是可以接近、容纳的，并使个人产生认同感，而认同感意味着对该空间的信任和接受。可理解的建筑与空间通过简单的逻辑空间序列实现，一个易于辨别方向、沟通的空间是容易理解的。

在建筑空间中，可控制性空间的可控制性反映了一个人是否能够控制自己的环境和工作，是否能够将自己的情绪调整到最佳的适应状态，并产生信任感。可控制性在建筑空间里可以通过物理办公环境实现。世邦魏理仕 (CBRE) 有一个专门的团队研究健康办公室，他们提出了五项物理层面的健康控制要求，这些要求可以帮助我们理解物理环境的可控制要素。①正确的照明，照明时间表可以支持我们的生物钟。工作室灯光强度和颜色的改变会使员工更快乐，更专注于工作。②体育运动，办公室提供多种健康的替代方案，鼓励员工选择更积极的姿势和体育运动。③自然空间，每个工作场所在员工

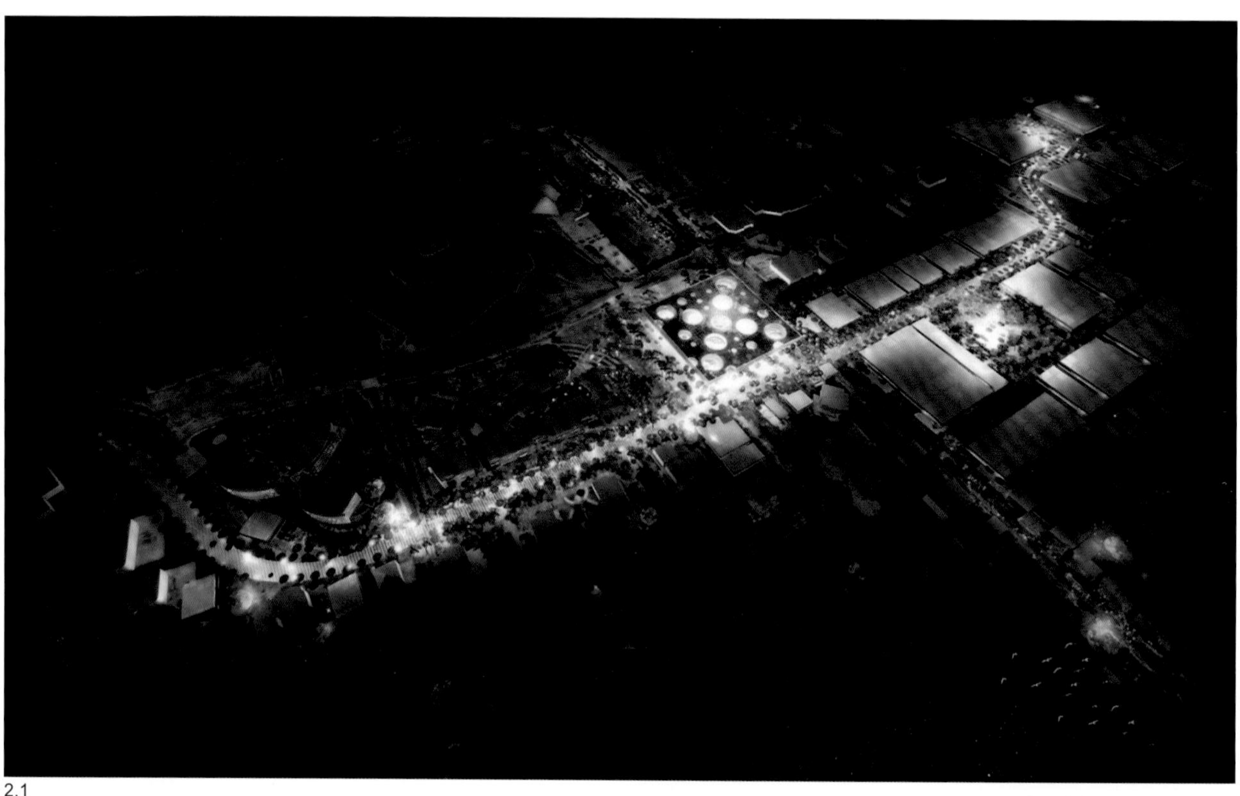

2.1

2.2

2.3

2.1 谷歌公园项目鸟瞰图 设计时间：2010 年 建筑师：克里斯多夫 • 英恩霍文 (Christoph Ingenhoven)
图片来源：https://www.ingenhovenarchitects.com/
2.2 谷歌公园项目自由空间
2.3 谷歌公园项目庭院

的视野范围内摆放植物，创造更加自然的环境。使用真实的植物、人造植物、壁画和带有绿色植物的绘画作品来营造办公环境。④心理平衡，提供冥想、瑜伽、按摩或小睡的特定区域，以帮助员工摆脱工作的忙碌节奏。使用降噪耳机，有助于抵消开放式办公室的噪声。⑤健康的营养，为员工提供咖啡、茶、矿泉水等饮料，提供下午茶，配备健康小食、水果，提供健康与快乐的工作环境[37]。

感知连贯性是一个多方面的概念，它覆盖了健康的广泛视角。其可理解性、可控制性和有意义性，为广泛的健康议题提出了理论思考。建筑师通过对“感知连贯性”的理解，可以启发建筑设计，从而制定健康的设计策略，设计健康的建筑与环境。

通过对助推和感知连贯性理论的研究和论述，以及部分健康建筑的研究，笔者提出两种可行性实现途径。其一，通过引导、限定，推动和改变人们的生活方式，提供更多健康的选项，引导人们健康生活。其二，重视建筑物理空间的设计，选定绿色建材，提供绿色健康设施，创建健康的空间和环境。

2.4 项目实践

2.4.1 谷歌公园项目

谷歌公园项目是一个以“健康”为核心的绿色建筑。开发商要求建筑师为近 3000 名工程师和管理人员提供研发、办公空间。目标是设计一个活泼、简单和灵活的健康建筑，提供交流和启发创新的工作场所。谷歌园区被设计成一个拥有公共基础设施的无车景观，园区前方设计了“谷歌大道”快速交通系统和自行道交织的中心轴。办公室景观旨在作为一个连续、灵活的区域，在各个方向提供有效的连接系统，同时提供明确的方向。

在谷歌项目中构建了一个办公空间和自由空间相互交织的空间模式。该建筑为正方形，一层全面架空成为自由空间，恢复原有的生态环境，提供生物和植物的栖息空间，二层和三层均为办公空间。建筑设计了六个圆形庭院，将阳光和空气引入办公空间。

英恩霍文的谷歌公园项目受到助推理论的启发，采用多种形式的空间策略和设施，推动和改变了员工的工作模式，使员工在多元空间里发挥其想象力、快乐工作。建筑师在项目的空间设计领域，设计了不同形式的办公场景，其立体、自由的空间提供了多样形式工作的可能。员工可以在屋顶平台、园林、自由空间，甚至在树上、树下工作。这种园林式的办公模式模糊了办公空间内部与外部的界限，推动了员工形成健康的工作模式，提高了工作效率，并增强了幸福感。

景观的植物设计考虑了当地节水的诉求，选择了不需要灌溉的本地植物，同时根据地区的表征特性规划了一条果树大道。

谷歌项目通过八大健康绿色系统来实现其生态的理念和目标。

2.4

2.4 谷歌公园项目庭院

2.5 谷歌公园项目能源系统图 设计时间：2010 年 建筑师：克里斯多夫 • 英恩霍文 (Christoph Ingenhoven)

图片来源：https://www.ingenhovenarchitects.com/

（1）健康自然环境工作系统：架空的一层提供95%的自由空间，部分为绿植，部分为下沉广场，工作人员可以在此休息和工作。场地绿化和屋顶绿化率总和达到170%。

（2）健康环境工作系统：使用被认证的绿色标准建材以达到健康环境的要求。通过自然通风和机械通风的合理转换，控制空气质量。选择绿色标准认证的电器，减少碳排放。

（3）健康建筑材料标准系统：设计轻质结构的集成化组合构件和建筑单元，以少量的材料完成标准化的建设程序。使用可回收的绿色材料。

（4）健康非饮用水处理系统：园区除了饮用水通过城市系统供给，其他使用水均自给自足，高效中水系统将雨水处理后用于灌溉和洗涤等。

（5）健康生态交通系统：园区设计了高效的交通流线和无障碍设施，减少了整体的交通流量。园区同时设计了E-自行车车站、充电桩、共享单车等设施，鼓励无碳出行。

（6）风电及光电的使用：使用风电和光电的组合，达到零能源消耗的终极目标。

（7）谷歌健康农业与饮食系统：谷歌的食品由谷歌农场和城市农场提供，谷歌农场通过有机食品的供给，

working outside on roof, balcony and "in trees"
semi private sport and spare - activities on the roof
max. transparency
enhanced microclimate and cooling effect under the building
natural ventilation through operable windows
raising the building to decrease noise pollution
raising the building for security reasons
Working in Nature/ Trees
95% of the site is freely accesible due to the raised design of the building. The areas planted with natural vegetation together with the green roof add up to 170% of the site area due to the raising of the building.
95 % landscape
green roof
Fresh Air Pond
The shaded areas under the building serve as cool air ponds to promote air circulation. Improved air quality through purification is achieved as a result of the vegetation planted throughout the site.
Most Healthy Building
Indoor air quality, material selection, noise levels, smell, daylight, artificial lighting, food and electrical emissions have been carefully considered in regard to well being and health.
Materials
The construction is reduced to a reasonable minimum and follows the Cradle to Cradle design principles. Materials are recyclable or recycled and locally sourced to avoid long distance transportation.
Water Autarky
rain
A highly efficient water system design incorporates rain water harvesting, a grey water system and a Black Water Bio-Reactor. This system ensures that no additional potable water needs to be added to the water cycle.
material
construction
Recycling/ Cleaning
Waste is avoided wherever possible or recycled and reused.
water
black water
Google sportfields
consumable
waste
existing Googleplex
Google
Google campus connectivity
unobstructed pedestrain movement
fruit alley
Google Boulevard
By providing additional public facilities along the central spine of the Google Boulevard and the careful densification of the site, a more vibrant and interactive campus is created. The mixing of uses shortens distances to supermarkets, childcare facilities, restaurants and leisure facilities, reducing traffic but also encouraging a 24/7 campus life.
Traffic
Minimised Traffic
E-bicycle stations, bicycle parking & sharing, and end of trip facilities encourage carbon free travel.
Google Boulevard
existing buildings
proposed development
2.5
© ingenhoven architects

ingenhoven

google, palo alto • designed to ecological capacity

The Google Master plan and building design concept is to, at minimum, not exceed the responsible ecological capacity for the building set out in the WWF Living Planet Report. The building is a catalyst for social and community betterment, urban densification, enhanced communication and improved transit strategies within the master plan - a jumpstart for the future.

2.6

实现二氧化碳排放量的减少。

（8）供热系统：谷歌的冬季供热系统由地热提供，同时使用高效隔热建材保证了冬季室内的热量不易流失。

2.4.2 美国北卡罗来纳州立大学图书馆

行为指导是指教育儿童识别和使用合适的策略来处理其行为和感受。在建筑设计中，行为指导可以指导和管理人们在建筑中有意义的行为和动作。它不是一项指令，而是通过不同形式的启发和引导达到有效目的。由挪威建筑师事务所 Snøhetta 设计的美国北卡罗来纳州立大学图书馆，通过色彩的强调来引导人们选择健康空间的到达方式。Snøhetta 的建筑师意识到，肥胖问题困扰着发达国家，他们试图通过设计来减少肥胖问题。图书馆的入口大厅设计了具有引导意义的黄色楼梯，它将引导人们从入口大厅进入各层空间。入口大厅的墙面色彩

2.7

2.6 美国北卡罗来纳州立大学图书馆建筑外观图　建筑师：Snøhetta architects　竣工时间：2020 年　图片来源：https://snohetta.com
2.7 美国北卡罗来纳州立大学图书馆建筑外观图

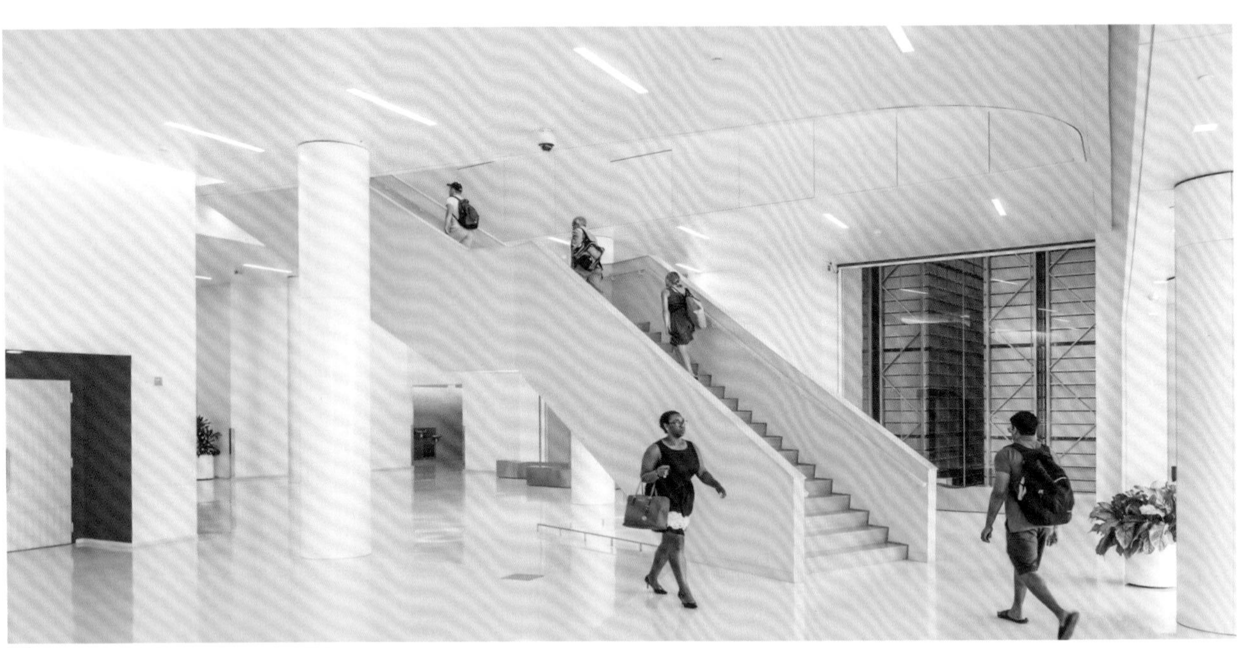

2.8

2.9

2.8 美国北卡罗来纳州立大学图书馆入口大厅

2.9 美国北卡罗来纳州立大学图书馆场景 1

2.10

2.10 美国北卡罗来纳州立大学图书馆场景 2

2.11

2.12

2.13

2.11 美国北卡罗来纳州立大学图书馆楼层 1

2.12 美国北卡罗来纳州立大学图书馆入口大厅

2.13 美国北卡罗来纳州立大学图书馆楼层 2　建筑师：Snøhetta architects　竣工时间：2020 年　图片来源：https://snohetta.com

设计成了灰色，电梯厅也呈灰色。灰色的背景强调了黄色的楼梯，它吸引着人们选择楼梯，以健康方式步入图书馆各层空间。

2.4.3 “坐的尽头”

提供多项选择是“助推”的一种方法。建筑师可以提供多种可能，让人们在舒适和健康之间做出选择。提供选择不仅仅是提供以健康为目的的生活方式，也可能帮助人们在行为的选择中达到放松、休息和调整的目的。荷兰建筑师事务所 Raaaf 同视觉艺术家 Barbara Visser 合作设计了以思考人们坐姿带来的健康问题的实验性项目“坐的尽头”。在我们生活的社会中，几乎整个环境都是为坐而设计的，而医学研究表明，坐得太久将影响健康。Raaaf 建筑师及 Visser 通过“坐的尽头”空间装置，为未来的工作场所提出了一个物理概念：“椅子和书不再是毫无疑问的起点，取而代之的是‘实验性工作环境’的启示挑战人们在白天改变工作姿势。[38]”实用性工作

2.14

2.14 “坐的尽头”场景

建筑师：Raaaf　竣工时间：2014 年　图片来源：https://www.raaaf.nl　摄影师：Jan Kempenae、Ricky Rijkenberg

2.15

2.16

2.17

2.18

2.15 “坐的尽头”场景 2
2.16 “坐的尽头”场景 3
2.17 “坐的尽头”场景 4
2.18 “坐的尽头”场景 5

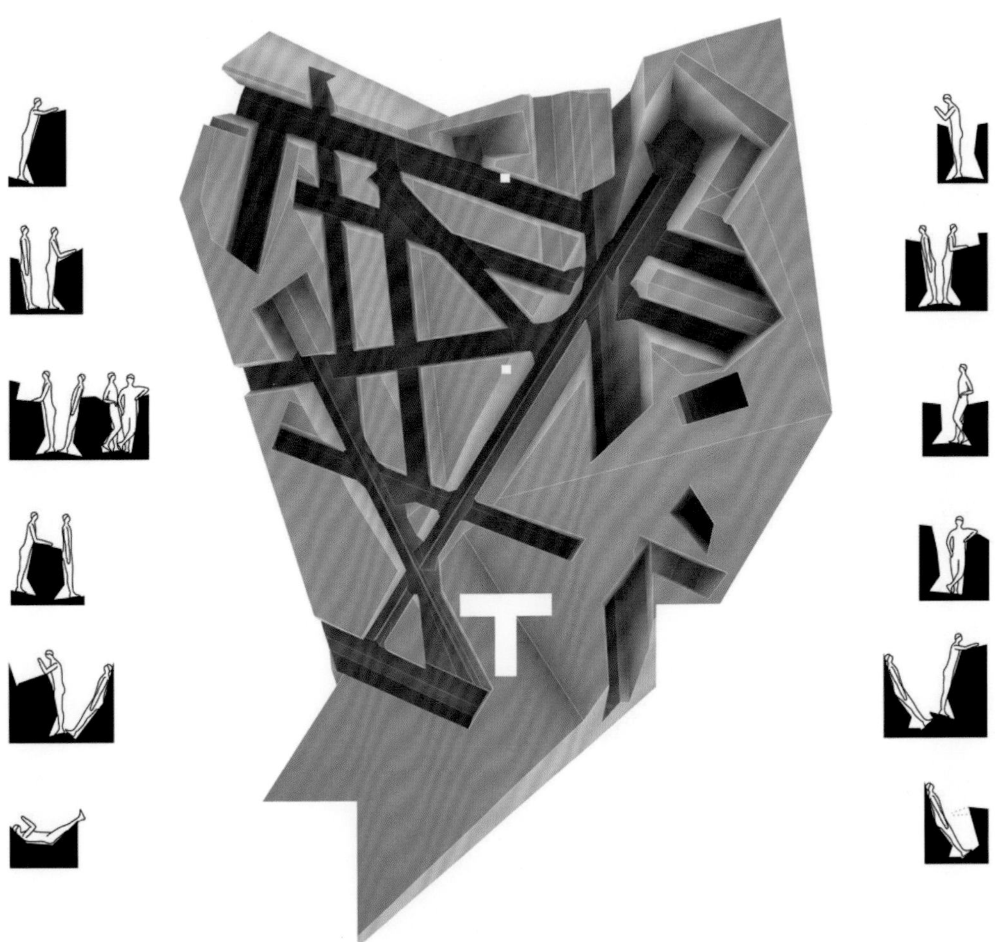

2.19

2.19 “坐的尽头”平面图和工作姿势
建筑师：Raaaf　竣工时间：2014 年　图片来源：https://www.raaaf.nl　摄影师：Jan Kempenae、Ricky Rijkenberg

2.20

2.20 德国 Lanserhof Tegernsee 保健中心室内　建筑师：英恩霍文　竣工时间：2014 年　图片来源：https://www.ingenhovenarchitects.com/

环境的启示（行动的可能性）意在鼓励人们更换工作模式，坐着的结束是迈向未来的第一步，在未来，站立工作是新的规范。

2.4.4 德国 Lanserhof Tegernsee 保健中心

Lanserhof Tegernsee 保健中心专注于满足每位酒店客人在健康、预防和再生等方面的个人需求，因此，有必要创造一个舒适的环境，让客人可以找到一个安静的环境休息，凝聚新的力量。新的 Lanserhof Tegernsee——欧洲最现代化的预防和再生中心，它位于巴伐利亚阿尔卑斯山的大型湖泊，于 2014 年春季完工。该酒店为需要预防和治疗的客人提供 70 间客房和套房。英恩霍文与景观设计师 Enzo Enea 合作，在 21000 平方米的土地上实现了令人印象深刻的建筑愿景。主楼线条清晰，几何形状棱角分明，与景观完美融合。灯光在设计中起到重要作用。室内选择高品质的天然材料，采用特殊亮度的窗前设计，给人以温暖的感觉。

该建筑强调健康哲学，符合开发商的要求。所有建筑策略均根据德国可持续建筑委员会（DGNB）的标准执行，将豪华酒店的舒适性与先进的医疗设施结合在一起。

布局遵循密斯•凡•德罗的经典概念，即“少即是多”，整个建筑概念遵循这一原则，并强调使用当地天然的健康材料。大楼的两翼围合成了一个经过景观美化和保护的内院，并为所有客人提供充足的活动空间。客人从客房通过大窗户和阳台可以欣赏周围的绿色环境，包括附近高尔夫球场和其他开阔的景观。室内细长的木质百叶窗可遮阳，并具有私密性，成为外立面的重要文化元素。

立面主要由未经处理的原始材料，即经认证的落叶松木材，为健康建材提供保证。天然的材料对预防和治疗有效。天然的材料是整体概念的一部分，旨在构建健康的建筑，借助生物学原理，帮助客人康复。木质表面的白色和原木色交替出现可以产生治疗室和公共休息室的沉思氛围。浅色材质和简洁优雅的内饰强调房间的友好气氛，而房间高高的窗户和宽敞的连廊提供了必要的阳光照射。

2.21

2.21 德国 Lanserhof Tegernsee 保健中心外景 1

2.22

2.23

2.24

2.22 德国 Lanserhof Tegernsee 保健中心外景 2
2.23 德国 Lanserhof Tegernsee 保健中心立面效果
2.24 德国 Lanserhof Tegernsee 保健中心阳台

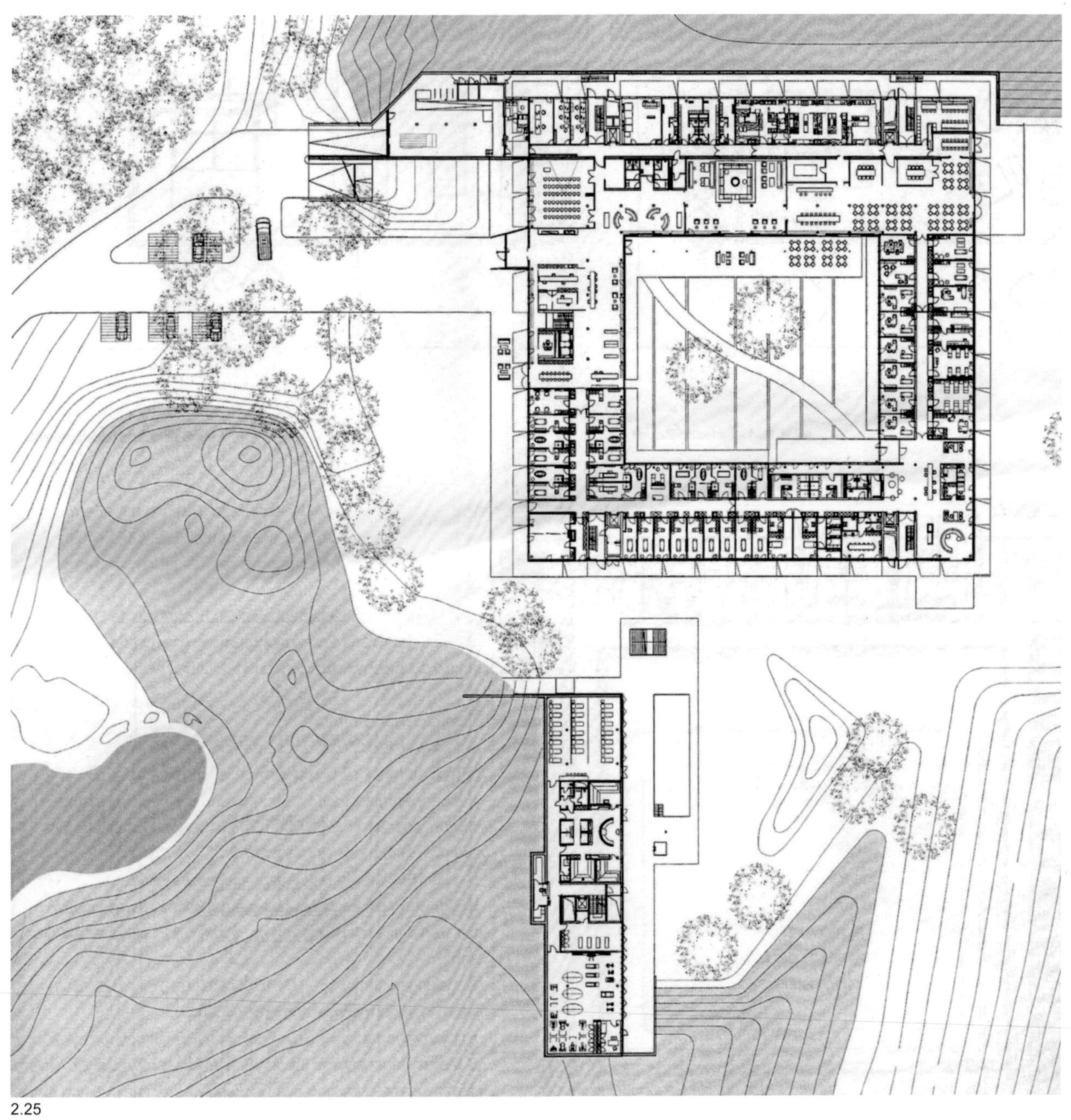

2.25

2.25 德国 Lanserhof Tegernsee 保健中心一层平面图

2.26

2.27

2.28

2.26 德国 Lanserhof Tegernsee 保健中心浴室
2.27 德国 Lanserhof Tegernsee 保健中心休闲空间
2.28 德国 Lanserhof Tegernsee 保健中心室内 建筑师：英恩霍文 竣工时间：2014 年 图片来源：https://www.ingenhovenarchitects.com/

第3章 亲生物建筑与生物气候建筑

3.1 亲生物建筑

亲生物建筑设计是借助建筑与环境中对生物多样性的塑造，建立与自然合作的机制，实现生物、植物与人类和谐共存。亲生物建筑通过环境的再造、多种形式立体绿色空间的设计，提供给人与生物多样性共有、平等和相互依赖的空间环境。亲生物的建筑空间在生态层面，可以优化局部气候，提供更多氧气，并减少碳排放。在生物层面，亲生物建筑设计可以减轻人的压力，提高人们的认知功能和创造力，提供民众的幸福感，提供和谐平等的居住环境。

3.1.1 生物多样性

生物多样性是塑造亲生物建筑的理论依据和塑造重点。实现人与生物的积极联系，始于对生物多样性的综合研究。

生物的多样性是指地球上生命的多样性和可变性，是对遗传、物种和生态系统水平变化的衡量[39]。自地球上有生命以来，五次大灭绝和几次小事件导致了生物多样性的大幅度下降。随后，在显生宙时期（过去的5.4亿年）通过寒武纪时期的爆发而迅速增长。然而，自人类出现，生物的多样性再次开始减少，同时遗传的多样性也随之丧失。在很长一段时间，人类很少考虑对其他生物的影响，以人为中心的思想，以及人居环境的思想改变了生物多样性的环境，致使大量的栖息地遭到破坏，从而加快了很多生物的灭绝速度。世界生物多样性理事会（IPBES[1]）2019年关于生物多样性和生态系统服务的全球报告指出，由于人类活动，25%的动植物种面临灭绝的威胁[40]。世界生物多样性理事会2020年10月报告发现，导致生物多样性丧失的人类行为也导致了流行病的增加[41]。

生物多样性对维护地球上所有物种的生存至关重要。因为，世界上的所有生命体在相互支持和相互给予的系统中生存。生物多样性各组成部分之间的相互作用使地球适合所有物种居住，包括人类。因此，保护生物多样性符合人类自身利益[42]。保护生物多样性有着多项的意义。首先，生物多样性是许多促进人类幸福和生计的生态服务的基础[43]，缺少了具有生物多样性的生物系统的支持，人类将面临食物危机。“人类直接或间接从生态系统中获得利益[44]”。其次，生物多样性还发挥着重要的文化功能。生物多样性在形成文化认同方面发挥着重要作用。文化认同植根于自然环境中，生物多样性提供了环境、方位和记忆感。随着城市化的发展，生物多样性为城市的绿化提供重要支持。以生物多样性为主题的城市绿化，为城市居民提供体验自然的可能，同时也促进了民众对城市的文化认同。

世界生物多样性理事会在2019年5月6日向世界提供了一份关于生物多样性的全球报告。报告指出：假如在土地保护、环境保护及减缓气候变化方面没有根本性改变，在未来几年或几十年内，大约有一百万种物种面临灭绝的威胁。仅传粉昆虫的减少就威胁着每年价值约235亿至5770亿美元的粮食生产，同时对沿海红树林的栖息地的破坏将威胁着3亿人的生存基础。如果全球升温超过2℃峰值的界限，99%的珊瑚礁最有可能灭绝。现代农业也是物种灭绝的重要原因之一[45]。

[1] IPBES，Science and policy for people and nature的简称，世界生物性和生态系统服务政府间科学政策平台，是联合国环境规划署为整合生态系统和生物多样性科学国际机制所形成的框架组织。2012年4月在巴拿马成立，秘书处设在德国波恩。截至2015年9月，共有124个成员国，中国是成员国之一。

丧失生物多样性意味着生态环境将失去平衡，并干扰了生态调节功能。重要的是，生物多样性的丧失会威胁人类文明，以及人类赖以生存的生态服务系统，而这些生态服务系统成本极高，无法替代[46]。正如《生物多样性规划与设计：可持续实践》一书中提出的责任观点：人类有保护生物多样性和履行对自然的道德责任和义务[47]。这说明，保护生物多样性事关人类利益，同时赋予人类道德层面的责任和义务。

联合国《生物多样性公约》将生物多样性定义为：“各种来源的生物体之间的可变性，其中包括陆地、海洋和其他水生生物系统及其所属的生态综合体，这包括物种内、物种之间和生态系统的多样性。[48]”换言之，生物多样性是指世界或某一特定地区的生命形式和生物系统的多样性。从生态学视角分析，世界性的城市化进程，严重破坏了生物多样性的栖息空间。因此，生物多样性的保护行动应该从城市开始。生态学者诺伯特●穆勒(Norbert Müller)[1]将城市生物多样性定义为：“人类居住区及其边缘的生物多样性和丰富性（包括遗传变异），以及栖息地的多样性。[49]”城市的生物多样性通常代表人类文化和历史渊源，因此，城市的生物多样性保护涉及城市的严格控制、规划和管理。

从生态学理论理解，生物多样性的分布可以用不同理论模型来解释。景观生态学家安德鲁●班纳特(Andrew F.Bennett)[2]认为，物种面积关系理论和岛屿生物地理学被认为对生物多样性水平具有最大的解释价值[50]。物种面积关系解释了一个区域中存在的物种数量，取决于该区域的面积大小。面积越大，包含的物种越多，因为，有些物种需要更大的栖息空间。而栖息面积的增加有利于物种丰富度的增加。此外，更大的区域通常包含更大的栖息地的多样性。岛屿生物地理学家解释：“一个地区的物种丰富度取决于该地区的大小，以及与其栖息地和源种群的距离。这种影响由移民和灭绝的速度决定。移民取决于与世隔绝的程度，而灭绝则取决于一个地区的大小[51]。”这一理论可以用来预测栖息地物种定居的成功率。城市中的栖息地大多面积较小，而且孤立，由于物种迁徙涉及很多问题，同时资源有限，支持的物种很少，这样会增加该地区物种灭绝的风险。因此，城市需要更大的面积，而且需要相互连接的栖息空间。

影响一个地区生物多样性的水平因素被生态学家本宁德●乔什(Beninde Joscha)[3]分为两类：景观因素和局部因素。景观因素决定栖息地的数量，而局部因素决定栖息地的质量。景观因素在城市地区起着重要的作用。在城市中，栖息空间的大小和高度会导致物种组合的变化，而高度城市化的地区往往还包含了更多通用物种和外来物种。因此，为了维护城市的物种的丰富性，城市必须提供足够的栖息面积和连通性[52]。生态学者阿萨夫●施瓦茨(Assaf Shwartz)[4]认为：即使面积的微小变化也可增加生物多样性。空间安排可以最大限度扩大栖息地面积和尽量减少隔离。此外，乔什认为，局部因素是决定栖息地质量的关键。这些因素与栖息地的建设有关，它确定特定物种栖息适应性，以及栖息地生物多样性的变量。

有学者认为，在城市地区，局部因素主要由设计师控制[53]。这意味着，设计质量将决定栖息地生物多样性

[1] 诺伯特●穆勒(Norbert Müeller)，德国埃尔福特景观管理与恢复生态实验室学者。
[2] 安德鲁●班纳特(Andrew F.Bennett)，澳大利亚 La Trobe 大学生态保护学者。
[3] 本宁德●乔什(Beninde Joscha)，加利福尼亚大学环境与可持续研究院学者。
[4] 阿萨夫●施瓦茨(Assaf Shwartz)，巴黎大学生态学者。

的生存质量。栖息地结构和栖息地组成是最重要的局部因素。在这两个局部因素中，栖息地的结构对生物多样性水平影响较大。因为，栖息地的结构被视为植被的垂直分层，而层次更高的植被结构要比层次较低的植被更具生物多样性。栖息地由一个地区的植物区系决定。植物群组织越多样，预计一个地区的动物群多样性就越大。

通过对生物多样性的研究，可以得出结论：影响一个地区生物多样性水平的关键因素是栖息地面积、栖息地连贯性、栖息地多样性、栖息地结构和栖息地组成。栖息地的面积和连贯性决定生物多样性的数量；栖息地结构和组成决定生物多样性的质量；而栖息地的多样性与栖息地的数量和质量关联。这些因素是设计和规划生物多样性的主要因素。生物多样性的设计和规划已不再是景观设计师和城市规划师的责任，建筑师同样应承担设计和维护生物多样性的义务。建筑师可以将自己设计的项目区域视为“迷你栖息地”，并通过城市规划的力量，将“迷你栖息地”有效连接，形成由城市绿化、建筑绿化相连接的栖息空间，以扩大生物多样性栖息地的面积。

3.1.2 亲生物假说

自然主题可以在人类历史中找到答案。其中，具有象征意义的装饰包含埃及的狮身人面像、希腊神庙中的雕刻故事、洛可可的装饰图案。将自然带入环境与建筑的表现有古代中国的瓷鱼缸、日本家庭的盆景、德国的农舍花园。历史建筑和空间中自然主题的一致性表明，亲生物设计不是一种新现象，相反，作为一个应用科学领域，它是对历史、人类直觉和自然的编辑，同时也是促进人与自然的联系、维持城市生态文明的重要策略。

“亲生物”(biophilia) 一词最早由社会心理学家埃里克●弗洛姆 (Eric Fromm) 于 1964 年在其《人心》(*The Heart of Man*) 书中提出，而后由生物学家爱德华●威尔逊 (Edward O. Wilson)[1] 于 20 世纪 80 年代进行了推广，并由此开创了一种新的思想流派，专注于使人类回归自然的需要。威尔逊于 1983 年在其著作《生物亲和力》(*Biophilia*) 中首次使用了“生物亲和力”一词，将其定义为“人类下意识地寻求与余生的联系”。他解释：“从婴儿时期起，我们就愉快地专注于自己和其他有机体。我们学会区分生命和无生命，并像飞蛾走向生命……探索生命并与其建立联系。[54]”

如威尔逊所言，亲生物性有一个进化的基础，同自然的接触是人类的一种基本需求：不是文化礼仪，也不是个人的偏好，而是一种普遍的基本需求，如同我们需要健康的食物和规律性的运动一样。人类的生存与发展需要与自然世界保持联系，如果城市无法提供这种可能，势必通过人工环境来加强人与自然的联系。

虽然“亲生物”的概念相对简单易懂，但神经和生理基础及其对环境的影响对于真正理解其价值至关重要。研究表明，无论年龄、性别和种族，人类与自然的接触都是有益的，所有城市居民都应该接触自然[55]。每天与自然的联系强化了尊重和爱护环境的价值观[56]，增加了副交感神经活动 (parasympathetic activity)，从而改善了身体功能，减少了交感神经活动 (sympathetic activity)，减少了压力和易怒，提高了注意力[57]。

1972—1981 年，研究健康建筑的建筑学者罗杰●S. 乌尔里希 (Roger S. Ulrich)[2] 在一家医院首次进行了对照

[1] 爱德华●威尔逊 (Edward O. Wilson1929.6.10—2021.12.26)，美国昆虫学家、博物学家和生物学家。

[2] 罗杰●S. 乌尔里希 (Roger S.Ulrich)，丹麦建筑学者，任职于丹麦查尔姆斯理工大学健康建筑研究中心。

试验，试图进入一个可以从窗户看到自然环境的房间，以研究是否对手术后康复的患者有恢复作用。他总结到：“与墙视图组对比，树视图组的患者术后住院时间更短，护士的负面评价更少，服用的中度和强效镇静剂更少，术后轻微并发症得分略低。[58]”2009 年，两位研究人员发表论文，对 50 项相关实证研究进行了回顾，重点关注人类与大自然的眼神接触对人类健康的重要性。他们得出结论：与大自然的互动可以对健康和幸福产生积极影响，这一事实似乎得到合理的证实。鼓励与室外和室外植物的互动似乎是值得的，因为这可能是一项有益的环保举措，同时具有良好的成本效益。[59]

人类对自然环境的关注、反应和经历是人类与生俱来的遗传力量，是进化的结果。亲生物假说和支持性研究结果显示，作为一个物种，我们仍然对自然的形式、过程和模式有强烈的反应[60]。我们利用对大自然亲和力的了解，通过设计的人工环境创造健康体验，工作环境可以变得轻松和富有成效，公共空间可以变成包容、平等、安全感和生物多样性共存的场所。

亲生物的建筑与环境可以使我们在城市的生活中回归自然，回归到祖先的生活场景，才有可能过上健康和幸福的生活。

3.1.3 亲生物建筑设计策略

亲生物设计的重点是在自然环境和人工环境之间建立紧密的联系，“亲生物建筑”意味着建筑对环境的适应和设计。社会生态学家斯蒂芬 ● R. 凯勒 (Stephen R.Kellert)[1] 为亲生物设计提供了一套标准。他在文献中提出了以下六项设计要素。

(1) 环境特征 —— 自然环境的特征，如阳光、新鲜空气、植物、动物、水、土壤、景观、自然色彩和天然材料（如木材和石头）。

(2) 自然形状和形式 —— 模拟和模仿自然界中的形状和形式。这些包括植物和动物形态，如树叶、贝壳、树木、蕨类植物、蜂巢、昆虫、其他动物物种和身体部位。

(3) 自然模式的过程 —— 自然界特有的功能、结构和原则，特别是那些对人类进化和发展起到重要作用的功能、结构和原则。

(4) 光和空间 —— 空间和照明特征可以唤起人在自然环境中的感觉。这些包括自然光、空间感和更微妙的表达，如光和空间的雕塑品质，以及光、空间和质量的整合。

(5) 基于场所的建筑物与特定场所和地点的独特地理、生态和文化特征之间的联系。这可以结合地质和景观特征、使用当地材料以及与特定历史和文化传统的联系来实现。

(6) 进化的人类与自然 —— 与生俱来的与自然联系的基本倾向，如在一个连贯和清晰的环境中的感觉，前景和避难所的感觉、对生命生长和发展的模拟，以及各种亲生物价值观。[61]

[1] 斯蒂芬 ● R. 凯勒 (Stephen R. Kellert 1946—2017.1.8)，美国社会生态学家，曾任耶鲁大学森林与环境研究学院教授，帮助开创了亲生物设计的概念。

直接体验自然	间接体验自然	空间与场所的体验
• 空气 • 光 • 水 • 植物 • 动物 • 天气 • 自然景观和生态系统 • 火	• 自然图像 • 天然材料 • 模拟自然光和空气 • 唤起自然 • 信息丰富 • 自然几何 • 生物技术学	• 前景与避难场所 • 有组织的复杂性 • 局部与整体的整合 • 过渡空间 • 流动性和寻路能力 • 对地方文化和生态依恋

3.1

3.1 亲生物设计的经验和属性[62]

概念	在建筑中的应用	在设计中的应用	功效	亲生物设计属性
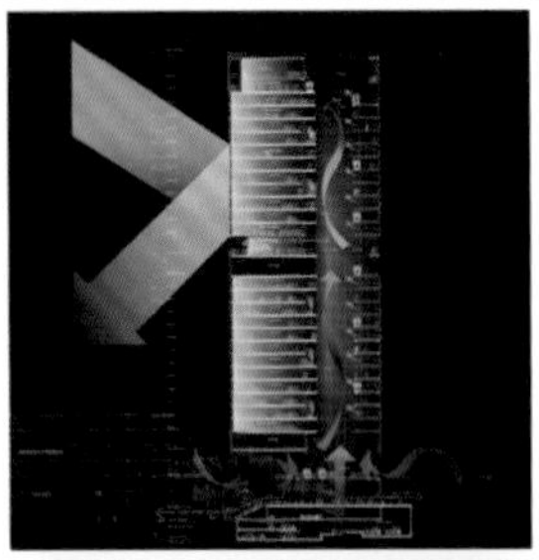		通过自然通风促进建筑的气流的变化、温度、湿度和大气的压力	实现自然通风，感受自然的空气	空气
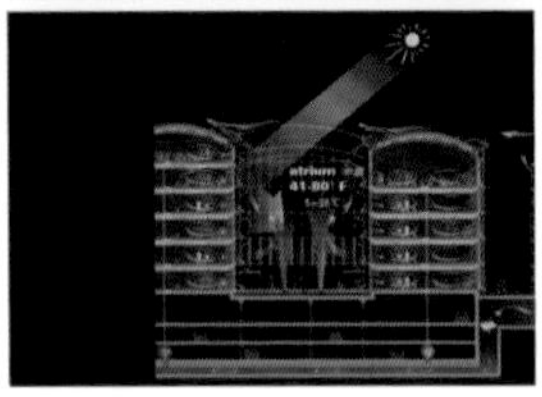		使用自然光，提高舒适度，提供健康保证，提高工作效率	自然光通过玻璃进入室内，提高工作舒适度和效率	光
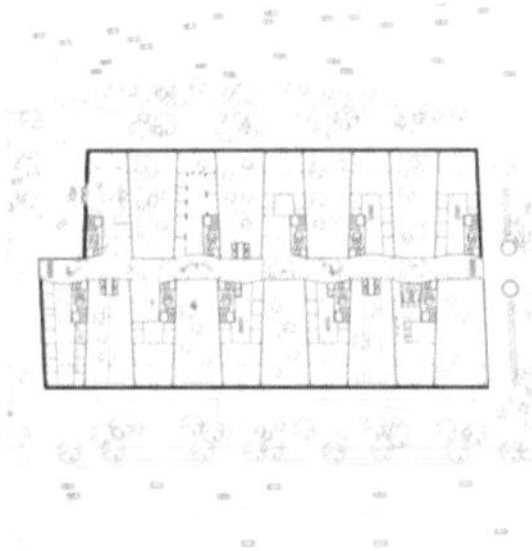		多元的设计策略可以实现与水的关联	室内水体可以降低室内温度	水
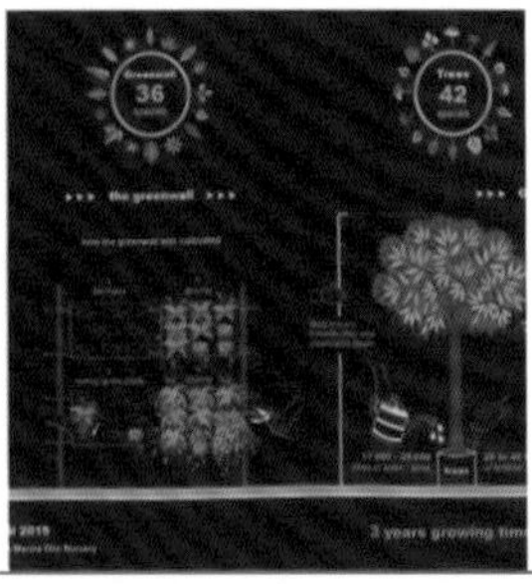		室内植物可选择其他地区的植物或热带植物	植物可以减轻压力，帮助改善健康状况、提高舒适度和工作效率	植物

3.2 亲生物设计实践——直接体验自然　图中项目建筑师：英恩霍文

概念	在建筑中的应用	在设计中的应用	功效	亲生物设计属性
		应用乡土建筑中使用的自然材料，如木材、自然石材、黏土等当地可持续材料	亲生物性自然的视觉和触觉、健康的材料属性和经济性	自然材料
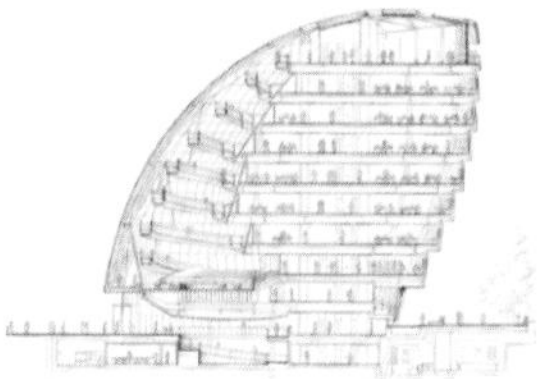		自然和简单的形式及体量	自然的形态可以将静态空间转换为一个拥有动态和环境行为的生命系统	自然形态
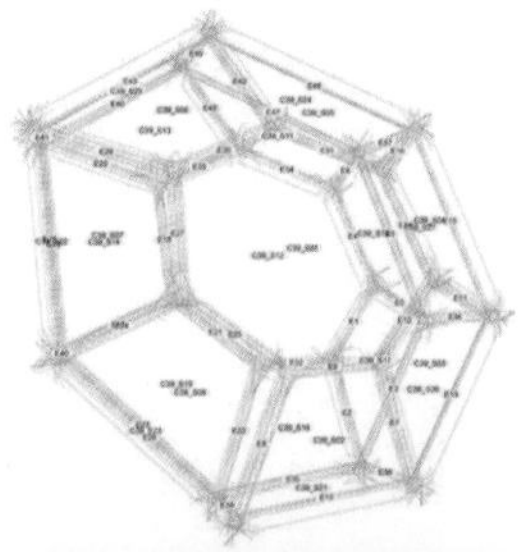		自然几何形态、流动的曲面形式	实现轻质结构的质量系统	自然几何
		应用生物技术建筑结构与材料的生物属性	实现生物技术建筑的生态成果	生物技术

3.3 亲生物设计实践 —间接体验自然　图中项目建筑师：Achim menges/ 福斯特 / 奥托

概念	在建筑中的应用	在设计中的应用	功效	亲生物设计属性
		实现从远景到外观的连接，连接内部空间，以及出现安全问题所拥有的庇护空间与设施	整合内外空间和环境，提供避难场所	前景和避难场所
		整体空间通过空间序列的连接突显清晰的场所边界	整合空间可以增强焦点及强调主题	整合局部与整体
		重视过渡空间，包括走廊、空间、门口、中庭、庭院等	提供清晰的过渡来连接空间	过渡空间
		重视地区性文化认同，增强文化与生态的融合	文化与生态的联系促使进地区的文化认同，并延续传统的营造法则	文化、生态与地方的关联

3.4 亲生物设计实践 ——空间与场所的体验　图中项目建筑师：福斯特

3.1.4 亲生物建筑设计实践

亲生物建筑设计的任务是通过建立一个新的框架来解决当代建筑和景观在实践中的问题，在建筑环境中满足居住者的自然体验。亲生物设计寻求为人与动物创造合适的栖息地，将其作为一个有机的当代环境，照顾人们的健康和福祉，同时给予生物多样性平等的生存空间。亲生物设计提高了自然技术的效率。亲生物设计的应用在微观层面可以改变建筑物或景观的环境要求，在宏观层面可以支持生态和可持续发展的自然社会。亲生物设计的成功应用将为生理、心理和行为带来益处。

三种类型的自然体验代表了亲生物设计的基本范畴，包括对直接体验自然、间接体验自然以及空间与场所的体验。[63]

福斯特设计的韩泰科技大厦 (Hankook Technodome) 项目是新一代亲生物建筑设计的代表作品。该项目包含了亲生物建筑设计的基本主题，其设计原则同凯勒提出的三种类型的自然相符，同时赋予了平等工作的社会意义。

直接体验自然策略：建筑立面设计了自动开窗，并配备内置可调节的遮阳帘，以支持自然通风并优化利用自然光。百叶遮阳帘以不同密度环绕建筑，帮助调节室内光线水平。室内的植物定义了每一层的分隔空间，分别在各个空间中设计了绿色植物，其中包含了可以使员工放松的过渡空间，并延伸到建筑顶部。

间接体验自然策略：建筑的形态是一个自然几何的体量，其简单的形式更易于结构的塑造。办公空间使用了自然的木地板，通过其温暖的材料色泽同自然采光相融，形成同绿色植物相呼应的自然空间。

空间与场所的体验策略：该建筑是一个近乎正方形的平面，中心位置设计了较大体量的中庭空间。中庭空间位于建筑外立面，它实现了连接远景和外观、连接内部空间的具备社会意义的公共空间，并具有庇护功能。中庭空间设计了不同方向的扶梯系统，凸显了整体空间通过空间序列的连接表现清晰场所边界的思想。多种形式的过渡空间提供高效的联系。

开放式的办公空间可以有机地组合，以促进不同团队之间的协作。灵活的布局使建筑物能够随时间推移适应不断变化的需求，并随着技术的发展融入新的工作方式。全开放的办公布局可以实现平等工作，打破了传统的等级堡垒，实现具有社会意义的平等。

亲生物建筑设计可恢复和加强人类与自然的联系，将被人类破坏的自然环境恢复，并使其达到一定限度的自然状况，从而恢复生物多样性，加强人与自然的关系。而“加强”意味再造一个生态环境，同时将室外的环境移植到室内，形成一个亲生物的建筑与环境。因此，实现亲生物建筑设计需要人类意识的根本性转变，这将导致一种新的伦理和责任 ——关心地球与环境，以及我们同地球的关系。亲生物建筑设计方法同生态建筑设计方法一致，它可以在生物建筑和轻质结构的基础上建立建筑生态设计框架，提供健康与生态的实质性益处。亲生物设计支持生态建筑技术的应用，是生态建筑技术的一种新倾向。

3.5

3.6

3.7

3.5 韩泰科技大厦外景 建筑师：福斯特 竣工时间：2021 年 图片来源：https://www.fosterandpartners.com
3.6 韩泰科技大厦中心中庭屋顶
3.7 韩泰科技大厦过渡空间绿色设计

3.8

3.8 韩泰科技大厦附着式中庭

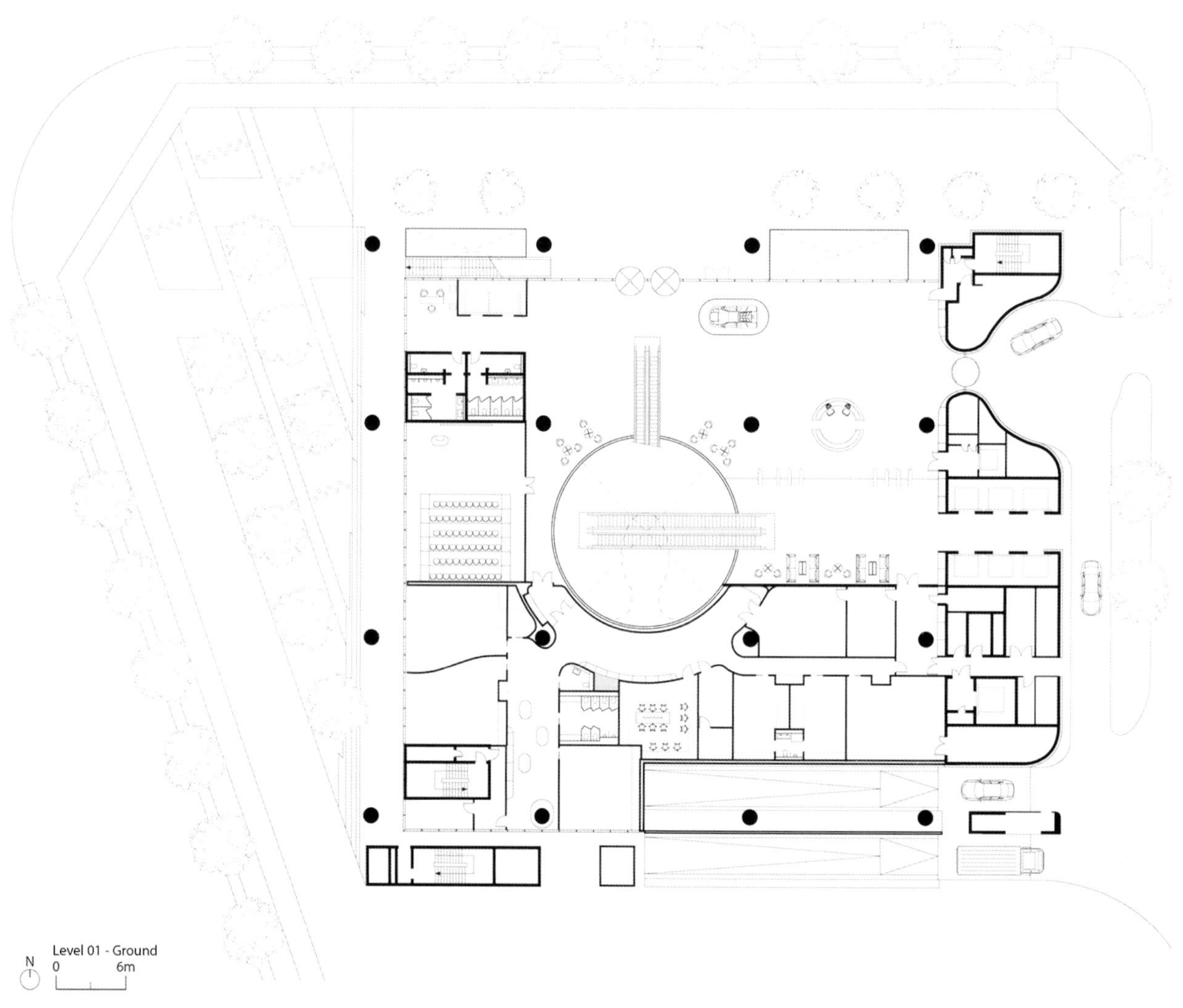

3.9

3.9 韩泰科技大厦总平面图

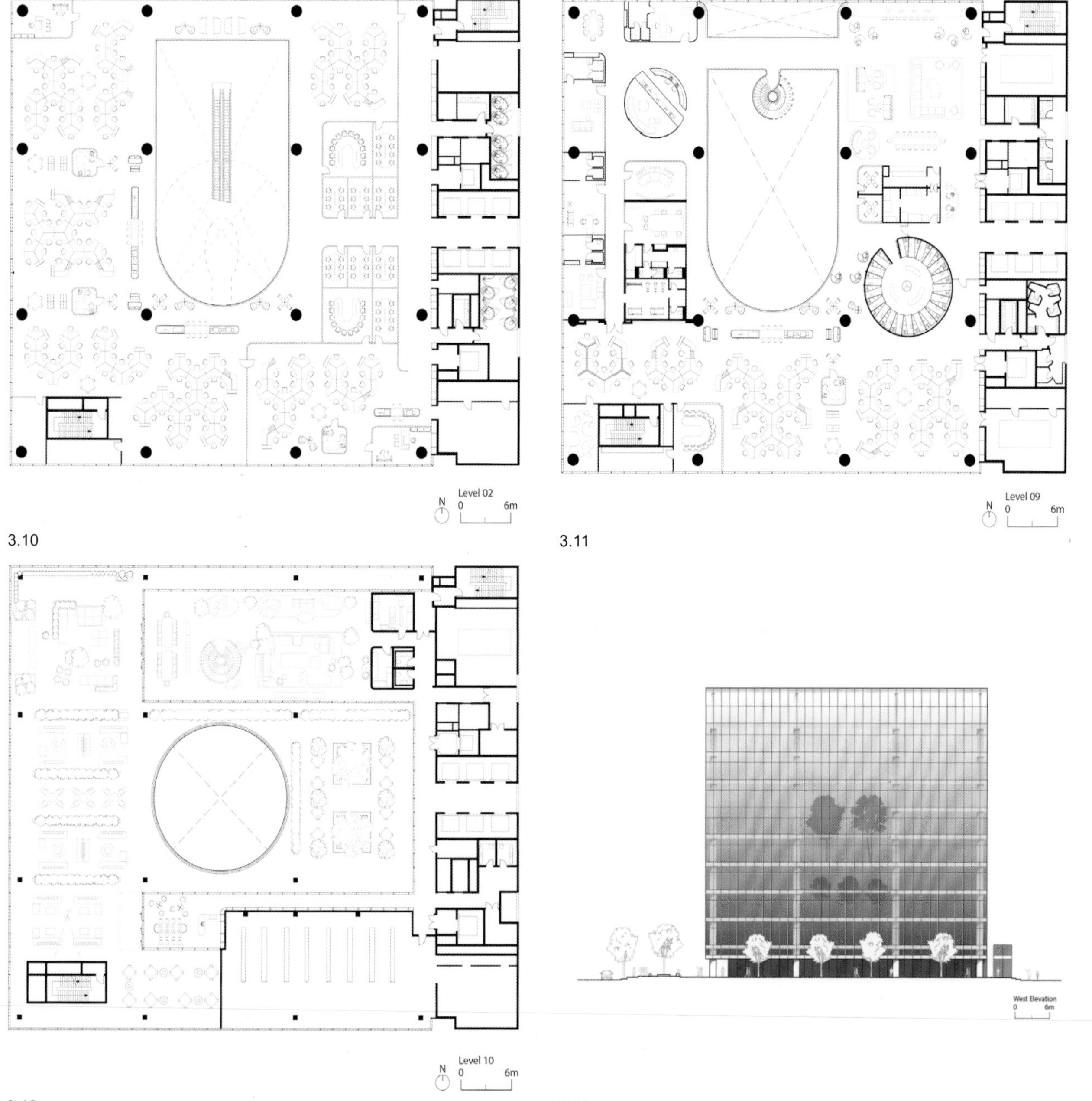

3.10

3.11

3.12

3.13

3.10 韩泰科技大厦二层平面图

3.11 韩泰科技大厦九层平面图

3.12 韩泰科技大厦十层平面图

3.13 韩泰科技大厦西立面图

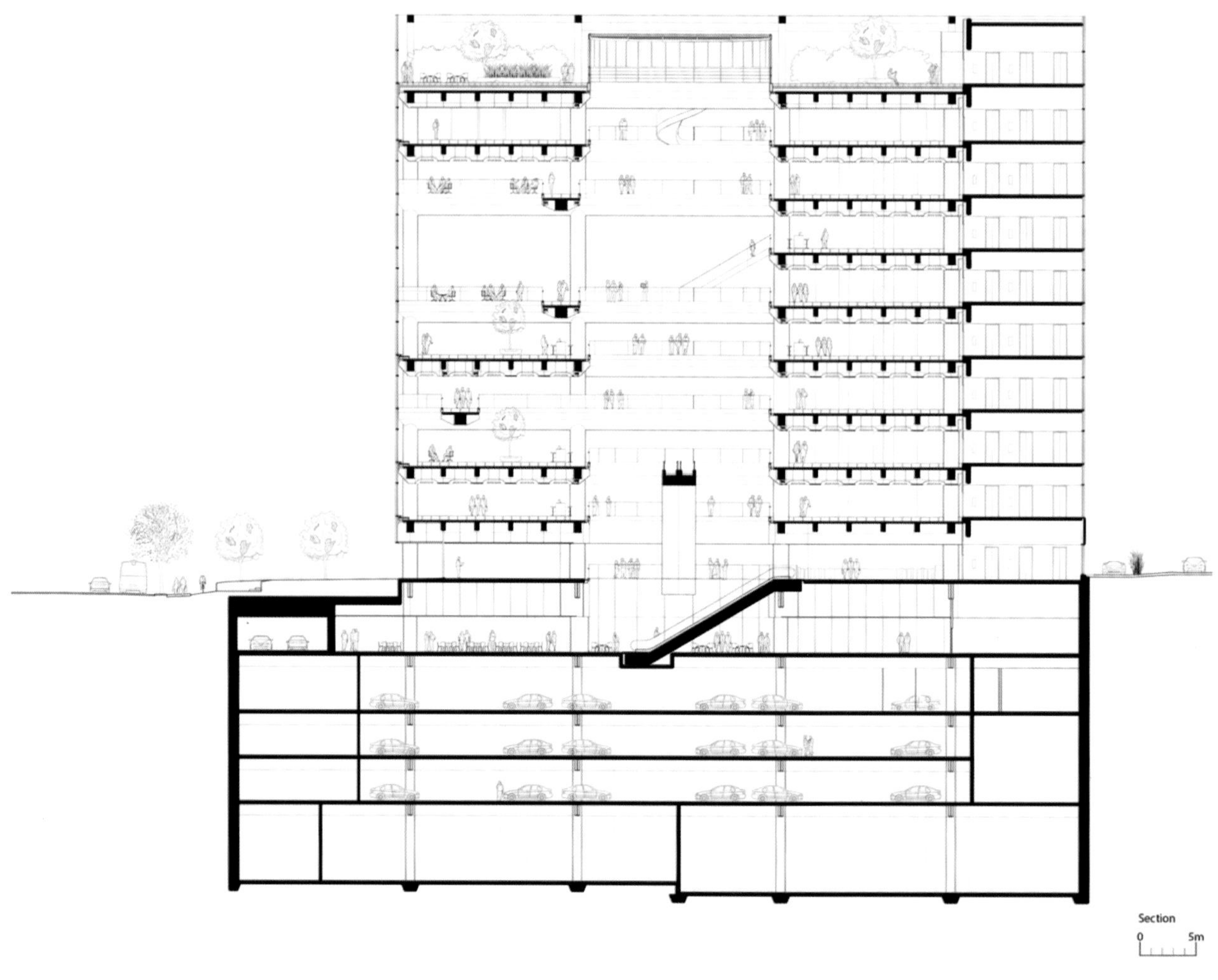

3.14

3.14 韩泰科技大厦剖面图

建筑师：福斯特　竣工时间：2021 年　图片来源：https://www.fosterandpartners.com

3.2 生物气候建筑

生物气候建筑是利用当地的生物气候条件，通过（微）气候及其与自然环境之间的关系，采用科学的分析方法构建的生态建筑。生物气候建筑遵循朴素的生态策略和技术，为技术型生态建筑提供基础策略。

“生物气候设计”(bioclimatic design) 和“气候设计”(design for climate) 的概念出自美国建筑师艾力达 (Aladar) 和维克多●奥戈亚 (Victor Olgyay) [64] 的文献。该术语成为 20 世纪 50 年代建筑设计理论中的流行词。20 世纪 70 年代后，它在学术研究及建筑实践中广为流传，成为节能和节能设计的基础。其核心原则和实践在 1992 年联合国里约地球峰会之后被引入“可持续设计”的概念中。

被动的生物气候建筑概念在生态建筑技术的语境中值得我们更深入地理解。它导致对人类表现、健康，甚至情绪状态有积极反应 [65]。生物气候建筑结合可持续性、环境意识、亲生物性、生态技术、自然适应性等方法，从场地特征、周边环境及当地气候特征和地理特质演变出设计方案。

被动的生物气候建筑基于两个基本概念生成。

（1）“满足”的概念包含了需求，通过智慧的想法获得最佳的、积极的生活条件和最丰富的生活方式。

（2）“限制环境容量”的概念，以满足当前和未来的需求，限制高环境成本，并使地球更加友好、更加经济。

生物气候依据建筑被动的生物性条件塑造建筑，具备经济性和适应性的可持续原则，为技术性生态建筑提供基础原则和策略。

3.2.1 改善当地小气候的策略

场地的小气候会对人们如何使用室外空间，以及其建筑能够提供舒适和美丽环境的便捷性产生深刻影响 [66]。一个局部环境的气候可以通过设计来改善，通过设计策略使该地区的气候趋于温暖或凉爽的状态，同时减少污染和噪声。一个良好的景观设计可以防止冬季的强风和夏天的阳光，降低能源供给和制冷成本。充分考虑城市风向和场地环境关系，可以帮助减少夏季的冷负荷和冬季的热负荷。

水和植被会对局部气候产生重大影响。被灰尘覆盖的干燥土壤的温度变化最大：晚上温度最低，而白天很快升温。另外，潮湿致使黏土的温度变化范围变小。然而，土壤对小气候的影响可能会被植被大大改变。森林和树木对小气候的影响非常复杂。谨慎种植树木可以节省多达 50% 的家庭供暖和制冷消耗 [67]。

树木和植被的存在通常会减少昼夜温度变化，增加空气湿度并降低风速。植物可以遮阴和作为防风林，以控制热量的获得或损失。大树的树叶将在夏季提供遮阴并减少局部噪声。

夏季，树木的遮阴和散热（植物主动移动和释放水蒸气的过程）可以使周围空气温度降低 5℃ ，使树下空气温度直接降低 14℃ [68]。冬天，可以利用树木、栅栏或地形抵御寒风。利用树木和地形作为防护林是影响小气候最为重要的手段之一。为了改善小气候，建筑师必须考虑以下原则。

（1）种植树木，创建绿化带及植被。

（2）在道路边缘和公共空间创建城市蒸发冷却系统。

3.15

3.15 韩泰科技大厦中庭绿植
建筑师：福斯特　竣工时间：2021 年　图片来源：https://www.fosterandpartners.com

3.16

3.16 韩泰科技大厦遮阳
建筑师：福斯特　竣工时间：2021 年　图片来源：https://www.fosterandpartners.com

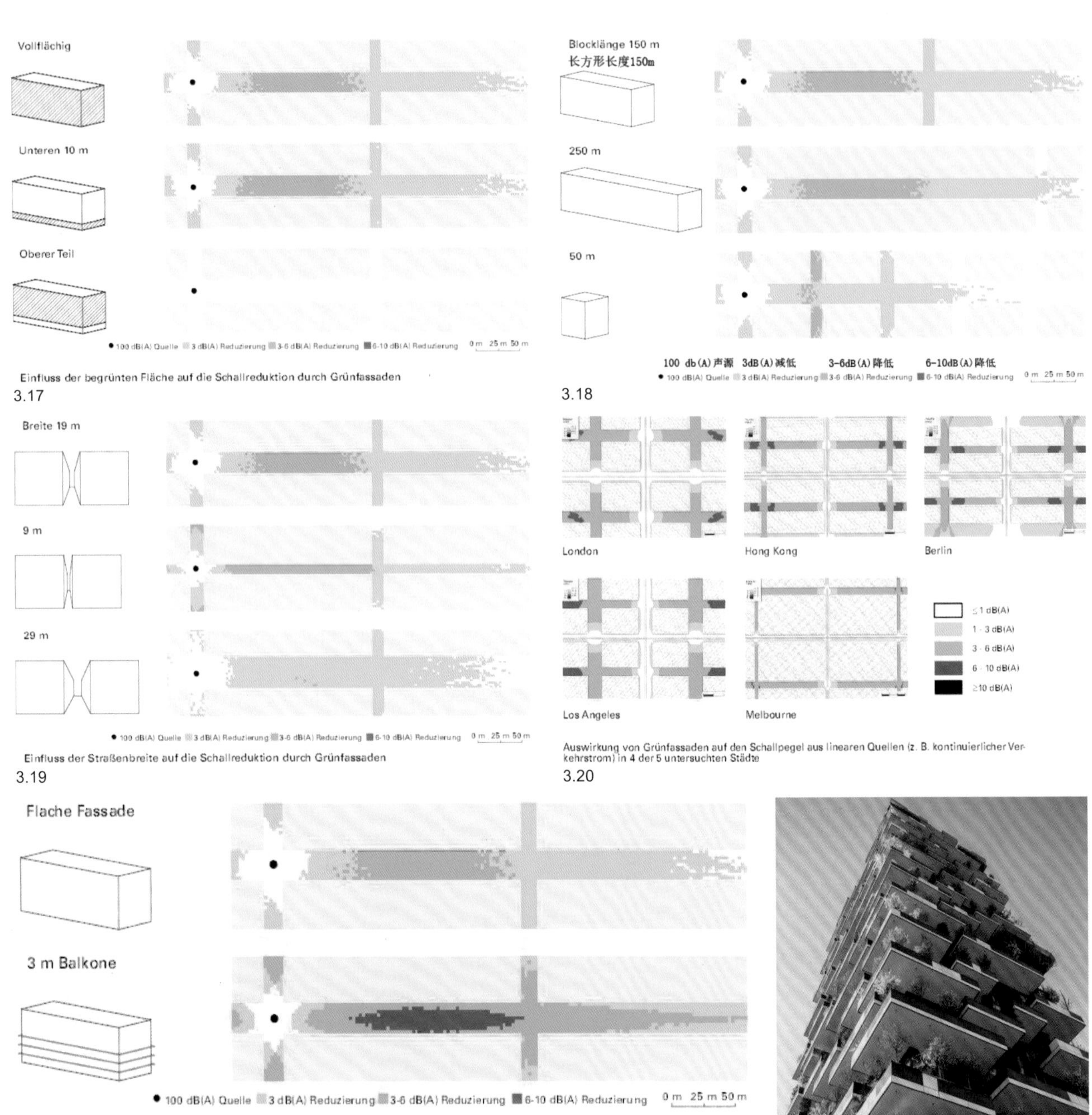

3.17 分析图 - 绿色外墙对城市绿化区域噪声的影响
3.18 分析图 - 建筑体长度对噪声的影响
3.19 分析图 - 绿色外墙对街道宽度的噪声影响
3.20 分析图 - 绿色外墙对城市线性声源声级的研究分析
3.21 分析图 - 附有阳台的绿色外墙对的噪声影响图

3.22 意大利 Malan 垂直森林 ——综合写字楼，绿色植物具有阻音功效
竣工时间：2015 年　建筑师：Boeri Studio
图片来源：Arup https://www.dbz.de/artikel/dbz_Die_Stadt_von_morgen_ist_Gruen_3222426.html

（3）使用城市绿化系统为干旱气候提供强大的遮阳效果。

（4）绿色屋顶和竖向绿植可以消除城市局部地区的热岛效应。

正在兴起的绿色立面，作为改变局部气候的多种因素，起到重要作用。近几年，在生态建筑中，出现了一种将绿色植物应用于建筑外墙立面的建筑形式。该建筑形式扩展了绿色植物的面积，形成了一种多维的、立体的绿色建筑和环境，我们可以将其称为立体绿色，或绿色外墙（green fassaden）。立体绿色建筑在城市中的核心意义在于优化城市生态系统和绿色环境，其可以减少粉尘、减低噪声，以及减少城市的热岛效应，同时给生物的多样性提供更多的生存空间。

英国工程咨询公司奥雅纳（Arup）协同柏林洪堡城市生态物理研究所对立体绿色外墙进行了专项的研究，其结果如下。其一，绿色植物外墙可以使污染物的浓度降低 10%~20%，该结果就整个城市而言，效果显然不明显，因为植物的空气净化效果仅限于植物附近的道路，然而植物外墙是高密度城市改善空气质量的最佳方式。其二，绿色植物外墙可以将交通和其他噪声降低 10 分贝，这种影响在声源附近较小，随着距离的增加，周围的其他噪声开始起作用时，绿色植物才显示出其作用。其中，当单独的噪声开始占主导地位时，绿色植物外墙才显示其较高的功效。其三，绿色植物外墙可以降低城市的热岛效应，城市中密集的建筑物和密封的地表是形成热岛效应的主要原因。据美国环境保护署（United States Environmental Protection Agency）估计，人口超过 100 万人的城市和地区，同周围地区相比，白天的温度可能升高 1~3°C，但到晚上就会升高 12°C。纽约气候保护委员会（New York Climate Change Council）预测未来会加速升温，到 2050 年平均温度会进一步上升 2.3~3.2°C，其结果会使热浪频率增加 3 倍[69]。奥雅纳的模型试验表明，绿色植物外墙可以阻挡 51% 的太阳辐射，从而直接降低温度，减缓城市的热岛效应。

奥雅纳的研究成果显示，立体绿色建筑对高密度城市的综合问题具有物理性质减缓作用和优化功效。如香港、马德里、新加坡等城市，如果其街道的高宽比大于 2，绿色植物外墙的生态效益则更大。

英恩霍文和维纳尔●索贝克（Werner Sobek）联合设计的绿色商业大厦尝试通过立体绿色植被来优化周围的环境和小气候。该建筑为不规则的四边形，位于杜塞尔多夫城市中心，建筑的西侧和北侧呈斜坡状，易于植物接受更多的阳光，建筑的东侧和南侧设计了具有商业功能的玻璃立面。建筑的西侧、北侧及屋顶均种植了灌木植物。灌木植物总共 30000 多株（总长度为 8km），是欧洲目前最大的立体绿色植物建筑。从城市认同的角度来看，立体绿色建筑标志着汽车时代的结束和绿色能源时代的开始，从此，城市将进入以环保为指导理念的工业系统，并以人为中心，以多元化立体绿色植物建筑应对气候变化。

立体绿色建筑是新时期生态建筑的一种创新形式，它具有复杂的种植和安装的技术性，并有高成本的投入和专业维护的需求，适合于经济发达的都市和高密度的城市中心。立体绿色建筑的构想同创新的建筑形式的融合，可以共同构成一种崭新的城市身份认同。这种具备可持续精神的城市认同将成为未来绿色城市的发展方向和基准。

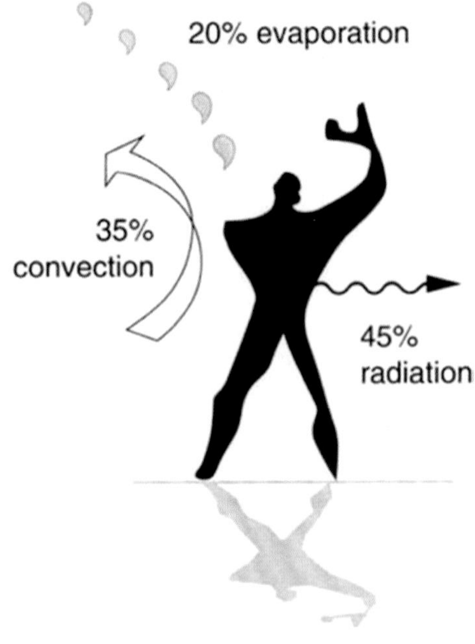

3.23

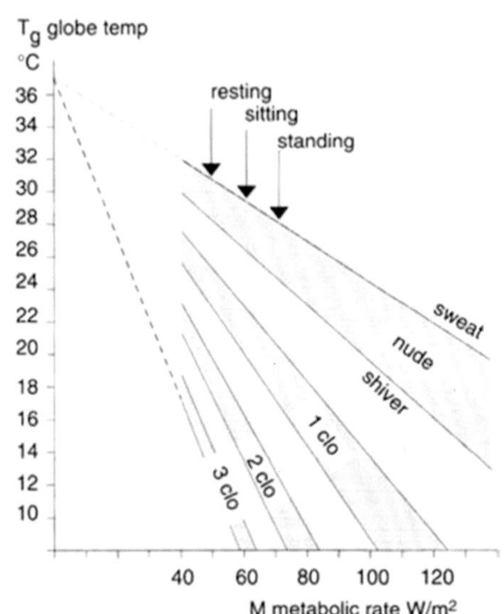

3.24

3.23 身体热量损失
3.24 活动和服装对热损失的影响
图片来源：Nick backer and Koen Steemers, Energy and Enviroment in Architecture A Technical Design Guide

3.2.2 生物气候建筑设计策略

生物气候设计的资源来自建筑内部和周围的自然能量流动——由太阳、风、降水、植被、空气和地面中的温度的相互作用产生。在某些情况下，“这些环境能量”可以立即使用，也可以储存起来供以后使用。根据热能传递力学定义存在的“途径”，通过这些途径，热量在内部和外部的气候之间获得，或者流失，从这些概念中，可以定义由此产生的生物气候建筑设计策略。

（1）最大限度地减少渗透。“渗透”是指门窗周围及建筑围护结构中的连接、裂缝和有缺陷的密封处不受控制地漏气。一旦采取了其他隔热措施，渗透（以及由此产生的热空气或冷气的“渗出”）被认为是建筑中最有可能的、最严重的能量损失来源。

（2）提供热存储。储存建筑物绝缘外壳的内部热量可以抑制气温的波动，为冬季提供热源，为夏季提供冷能。

（3）促进太阳能增益。太阳能提供冬季热量和夏季冷源。

（4）尽量减少建筑物外部空气流动。冬天的风通过流动将热量“冲走”，导致传导加速，使外部维护结构表面冷却，以及增加渗透（或渗出）带来的损失，从而增加建筑物的热损失率。建筑的选址应以最大限度地减少风暴或提供防风林设施来减少风力的影响的原则。

（5）促进通风。通风可以改善室内温度，增强冷却效果。通风基于两个自然的过程而建立：交叉通风（自然风风力驱动）和烟筒效应通风（即使在没有外部风压的情况下，也可由加热空气浮动驱动）。在没有足够风压的情况下，机械装置可以帮助自然通风。

（6）尽量减少太阳能源增益。阻止夏季的炎热可以通过有效的遮阳措施来实现，以及通过使用辐射屏障和隔热措施以最大限度地减少暴露在夏季阳光下的建筑表面。

（7）促进辐射冷却。如果建筑物外表材料的平均辐射温度高于周围环境（主要是夜间）的平均辐射温度，则建筑物可以有效地扩散热能。建筑物表面温度由太阳辐射强度、材料表面（薄膜系数）和表面的辐射率（“发射”或再辐射热量的能力）决定。即使建筑围护结构隔热良好，也只会起到很小的作用。

（8）促进蒸发冷却。湿气蒸发后进入气流中，可以实现建筑物内部温度的降低。这些简单而原始的技术（古罗马多姆斯住宅）更适应炎热干燥的气候。辅助通风的机械设施也可以辅助蒸发。

3.2.3 健康与人性化及舒适度设计

健康的环境是舒适的，人性化和舒适度的设计为健康建筑与环境提供物理因素的支持。

资源经济和生命周期设计关注能源效率和资源保护，而人性化设计关注全球生态系统的所有组成部分的宜居性，其中还包含亲生物性及生物多样性保护。这一原则源于进化论对其他生物体生命的尊重，以及生物学的互惠原则。设计师在追求建筑能源效率的同时，应该重视人性化的设计和人体的舒适度。

热舒适是表示人对热环境满意程度的一种心理状态。热舒适具有主观性，每个人的舒适程度不同。当人体新陈代谢产生热量以维持体内热平衡的速度小于3时，舒适度就会得到维持。任何超出此范围的热量增加或损失都会使人感到不适。舒适度是人体对建筑全面的体验，是建筑环境优劣的基本体现。舒适度取决于环境因素的相互作用、环境提供的可变性和选择，以及居住者确定这些选择的能力。热舒适性与人体代谢产生的热量和人体向环境输送的热量之间的热平衡有关。

热损失机制的分解：蒸发占 20%，对流占 35%，辐射占 45%。控制这些成分的环境参数分别是：①湿度和空气流动；②空气温度和空气流动；③平均辐射温度[70]。如果中期热量损失平衡了代谢率，这些单独的组成部分可以在一定限度依据比例变化。例如，在阳光照射的雪坡上，我们感到舒适，因为高辐射补偿了低空气温度和由此产生的高对流损失。大多数造成不适的原因可以理解为长期损失和代谢增益的不平衡，或一个环境参数达到了极值。

人的活动和服装水平对舒适度也产生影响，显示了代谢率和服装水平热舒适区。例如，当大多数人在冬季穿着户外服装时，流动性公共空间应设置合适的温度，同季节性服装匹配。

收集、储存和分配地球能量的方式会影响居住者的舒适度，同时，还必须认识到身体对于热流而不是温度敏感的重要性。对于建筑而言，舒适感取决于内部温度和建筑构件的表面，这意味着建筑在正常运行时有相对应的建筑蓄热和隔热措施。热舒适感是一种心理和生理的直接感受，它对应与某一时刻的活动相关的代谢过程中产生的内部热量和人－环境的能量变化的平衡。

根据美国学者茱莉娅•赖斯 (Julia Raish) 的研究成果，存在以下六个影响人体热舒适的变量。

(1) 环境温度（空气温度）。

(2) 辐射温度（周围表面温度）。

(3) 相对湿度（测量空气－水混合物中的水蒸气）。

(4) 空气运动（空气在周围移动并接触皮肤的速率）。

(5) 代谢率（消耗的能量）。

(6) 服装隔热（用于保持或去除体温的材料）。[71]

六个变量对于在规划建筑空间的舒适度时作出生态决策至关重要，因为它将影响建筑物整体的能源负荷。

舒适条件和能源消耗：社会使用的能源几乎有一半被建筑消耗，这包含了建筑的建造、营运和拆除的过程。其中大部分能源用于建筑物的增温和冷却。不同地区有不同的能耗需求，热带地区需要更多冷源来支持舒适度，而寒带地区则需要更多热量来平衡温度。根据美国采暖、制冷和空调协会 (AHSRAE) 的标准，人类居住的热环境舒适度，被指定为“大多数居住者可接受的室内热环境因素和个人因素的组合[72]”。而决定这些因素的组合条件包含两种方法。

(1) 分析性：人们被置于温度受控的环境中时，他们的反应应受到监控。这种方法有利于高度受控的环境，其结果用于开发和干预最佳舒适度预测的模型。

(2) 行为：人们在正常环境中时，其舒适度应受到监控，人们的反应与所经历的条件相关。对结果进行统计分析，以了解人与建筑之间的相互作用。

影响环境热舒适度的主要因素包含：温度、湿度、空气净化和空气流通。

温度：热舒适性受热传导、对流、辐射和蒸发热损失的影响，当人体新陈代谢产生的热量得以消散，从而保持与周围环境的热平衡时，热舒适性得以保持。超过此范围的任何热量增加或损失都会产生不舒适感[73]。

人体对于热和冷的感知，不仅仅取决于空气的温度，还取决于周围的环境。舒适条件因人而异，但通常起主要影响作用的是室内温度与平均温度之间的密切关系。从医学角度分析，当温度下降时，身体将通过减少流向表面的血液来限制热量流失，从而降低皮肤温度。该医学经验为炎热气候或寒冷气候下的室内温度提供参考背景。在建筑空间中，冷与暖之间应建立相应的缓冲区，让人体从寒冷的空间到温暖的空间或从温暖的空间到寒冷的空间有一个舒适的适应过程，从而避免寒冷或炎热对人体造成不适。

通常，基于建筑设备能源供给的原因，室内温度的波动在2~4LC[1]，但在间歇发生的空间，允许更大的温度波动。在炎热干燥的气候条件下，舒适的室内温度范围比温带气候条件更为宽松。在干旱气候下穿着轻便的衣服意味着在生理上可以接受较高的温度，并且可以预估衣服的阻力、代谢率和27.3LC的可接受温度[74]。在高温的气候条件下情况有所不同，深色衣服具有不同的材料抗性，可以到达22.3LC。在项目实践中，炎热气候下的空调系统通常设置在22~26°C。[75]

湿度控制：空气的湿度学是对空气一水蒸气混合进行的物理和热力学特性的研究。根据现代空调发明者威利斯•开利(Willis Carrier)的说法，空气的湿度是“通过增加或减少空气的水分含量来控制空气的湿度。除了湿度，还有通过加热或冷却空气来控制温度，通过洗涤或过滤空气来净化空气，以及控制空气流通和通风。[76]”因此，热舒适度涉及多个变量，包括湿度、温度、空气净化、空气流通和通风。

研究和分析空气中的水分和热传递的湿度特性，可以确定人体舒适度的环境条件，以制定整体的室内舒适度的计划，其中包含被动的自然方式，以及主动的空调系统和取暖设施。

内部相对湿度也与外界有关。当外部相对湿度较低时，内部相对湿度也应该假定较低的值，一般为40%~50%。相对湿度会影响身体出汗，这是身体热量损失的一个重要机制，尤其是当内部温度升高至约26°C时。同样，对于过渡空间，允许更大的容差。空气流动对于分散热量和水分也很重要，但应该注意避免气流倒灌。通风设计应包含稀释气味和分配冷空气，同时保持空气新鲜[77]。

温度控制：建筑热量有两个主要来源——内部和外部。内部来源于主动能量，包括人的活动、电器设备；外部来源于被动形态，包括太阳能负荷、传导、通风和渗透。

水分：空气中的水分是空调系统设计的一个重要因素。与温度一样，水分也有两个主要来源：内部和外部。根据人体水分流失指数，每个人每小时排放0.10千克(0.25磅)水分，中等活动水平的100人每小时产生11.36升(3加仑)水分[78]。水分是通过湿度比来测量的，湿度比是单位干燥空气中水的质量。

保证建筑中使用者舒适度和建筑的能源效率是生态建筑的目标之一，而舒适度又同健康和幸福关联。基于

[1]LC（limited capacity）：有限能力。

3.25

3.26

3.25 卢森堡欧洲投资银行鸟瞰图 建筑师：英恩霍文 结构工程师：索贝克 竣工时间：2004 年 图片来源：Ingenhoven Architects
3.26 卢森堡欧洲投资银行外观图

对舒适度的研究，同建筑设计关联的因素如下。

(1) 冷却：在不同气候下，在舒适度、生产力和能源使用方面的作用可以减少对空调的依赖和能源的使用。

(2) 建筑中的适应性行为：机械使用和被动控制。

(3) 建筑舒适度和能源使用标准。

(4) 建筑的维护结构、设计和材料：对其进行改进，以减少负荷。

(5) 窗户和照明：利用适当的设计。

(6) 主动式零能耗建筑：能源制造和消耗抵消。

3.3 生物气候建筑设计实践

3.3.1 卢森堡欧洲投资银行

卢森堡欧洲投资银行 (European Investment Bank) 项目被称为“智能被动式”建筑，由英恩霍文和索贝克联合设计。该项目的生态策略基于当地气候条件、地理状态而制定，通过建筑体量、风压制定自然通风和热空气的排放机制。在这一项目中，采用了被动的生物气候设计原则，通过智能的策略实现其生物气候建筑的目标。

卢森堡欧洲投资银行项目的平面几何形态为平行四边形，内部由连续 V 形构成办公平面，V 形和 V 形之间构成中庭花园，屋面呈曲线形，自屋顶连接地面，形成拱形中庭空间。

(1) 采用智能建筑外墙，通过控制系统的智能操作打开或关闭，以确保冬季花园内舒适的温度和气流。使用最小铝制玻璃框并附有绝缘组件，最大限度减少能源的渗透。

(2) 地热帮助提供被动的制热和制冷，以及蓄热和蓄冷。

(3) 全玻璃幕墙的设计，有利于冬季室内增温，夏季则通过幕墙的通风窗排放室内热量。

(4) 建筑物体量呈曲线状，该形状可减少建筑物外部空气的流动。

(5) 所有办公室均通过中庭（冬季花园）进行自然通风。中庭起到热缓冲的作用，确保舒适的空气和温度，减少冬季取暖的需求。

(6) 玻璃外墙的开启扇支持自然通风，同时，使用夏日防辐射的特殊玻璃。

(7) 材料的选择考虑了回收、嵌入式能源效应和运输的便利及生命周期。

(8) 轻质结构体系，减少材料的使用。

(9) 收集用于灌溉的雨水。

(10) 使用中央生物燃气来提供热能。

3.27

3.28

3.27 卢森堡欧洲投资银行玻璃立面图 1
3.28 卢森堡欧洲投资银行玻璃立面图 2

3.29

3.30

3.29 卢森堡欧洲投资银行立面 3
3.30 卢森堡欧洲投资银行
3.31 卢森堡欧洲投资银行能源系统图
建筑师：英恩霍文 结构工程师：索贝克 竣工时间：2004 年 图片来源：Ingenhoven Architects

european investment bank, luxembourg • smart passiv

The European Investment Bank in Luxembourg was the first building in continental Europe to be awarded BREEAM excellent. The certification awards the responsible use of resources, the highly energy efficient systems, the outstanding indoor environmental quality and the communicative, flexible and healthy workspace.

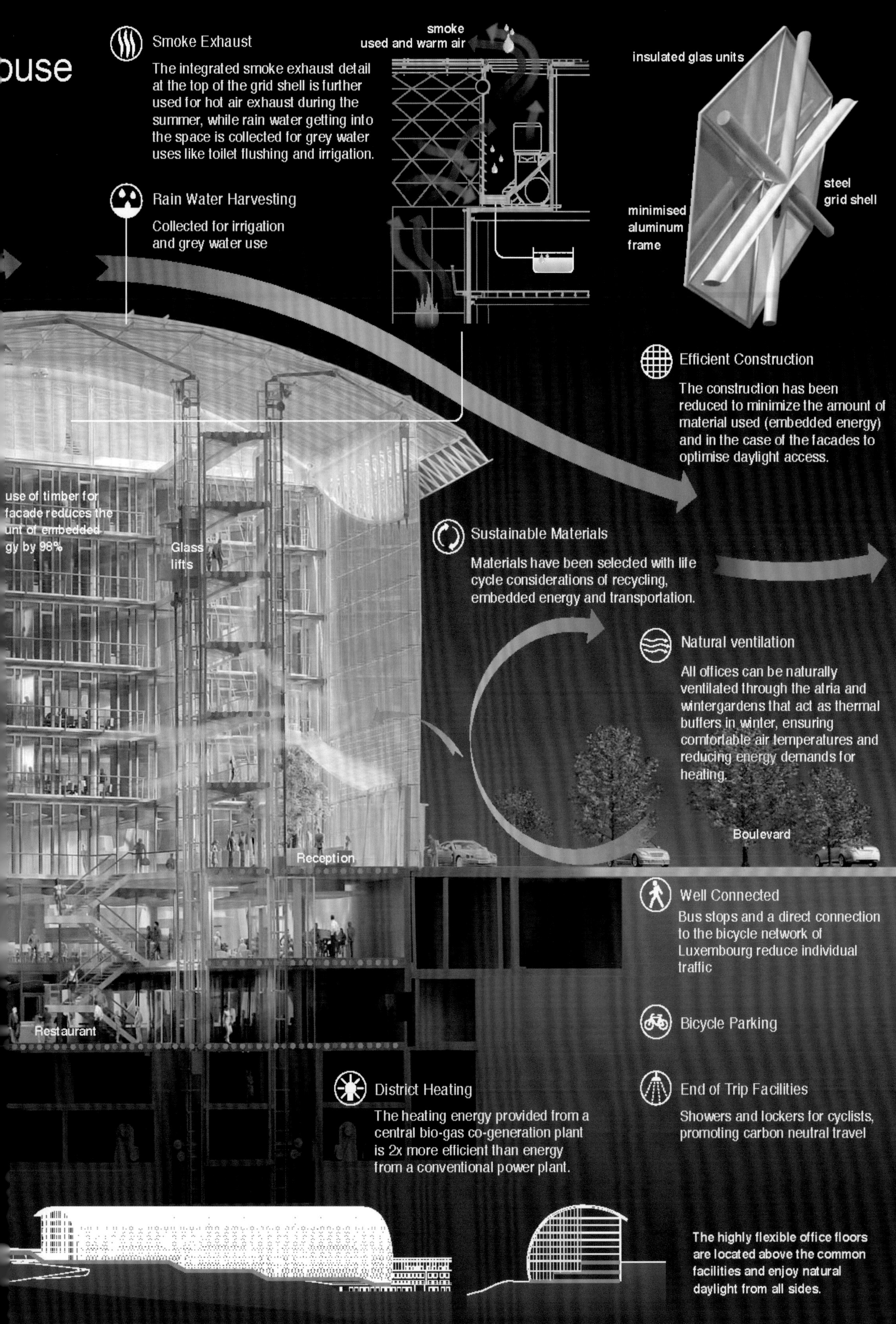
ouse
Smoke Exhaust
The integrated smoke exhaust detail at the top of the grid shell is further used for hot air exhaust during the summer, while rain water getting into the space is collected for grey water uses like toilet flushing and irrigation.
smoke
used and warm air
insulated glas units
Rain Water Harvesting
Collected for irrigation and grey water use
steel grid shell
minimised aluminum frame
Efficient Construction
The construction has been reduced to minimize the amount of material used (embedded energy) and in the case of the facades to optimise daylight access.
use of timber for facade reduces the unt of embedded gy by 98%
Glass lifts
Sustainable Materials
Materials have been selected with life cycle considerations of recycling, embedded energy and transportation.
Natural ventilation
All offices can be naturally ventilated through the atria and wintergardens that act as thermal buffers in winter, ensuring comfortable air temperatures and reducing energy demands for heating.
Boulevard
Reception
Well Connected
Bus stops and a direct connection to the bicycle network of Luxembourg reduce individual traffic
Restaurant
Bicycle Parking
District Heating
The heating energy provided from a central bio-gas co-generation plant is 2x more efficient than energy from a conventional power plant.
End of Trip Facilities
Showers and lockers for cyclists, promoting carbon neutral travel
The highly flexible office floors are located above the common facilities and enjoy natural daylight from all sides.
© ingenhoven architects

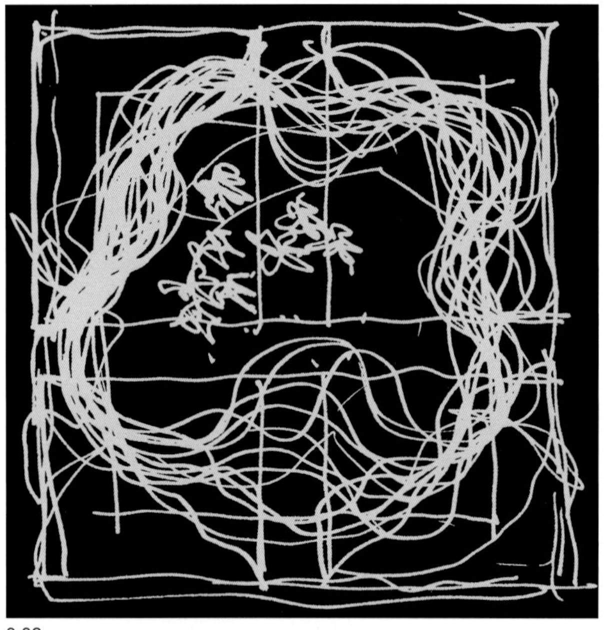

3.32

3.33

3.34

3.32 英恩霍文绘制的玛丽娜 1 号项目草图

3.33 玛丽娜 1 号项目“绿色之心”场景 1

3.34 玛丽娜 1 号项目“绿色之心”场景 2

建筑师：英恩霍文　图片来源：Ingenhoven architects

3.3.2 玛丽娜 1 号项目

高密度建筑对于新加坡这样一个城市无疑是一个正确的选择，因为其城市人口和面积比例与经济发展的矛盾必须通过高密度建筑来解决。为此，新加坡的规划人员将“玛丽娜金融区”规划为高密度商务区，并提前解决了交通、环境和住房问题。在这种前提条件下，高密度的玛丽娜 1 号城市综合体项目得以实现。玛丽娜 1 号的核心价值在于它构建的“绿色之心”立体花园，它将城市的绿洲概念引入了高层空间中，并再造了一个生物多样性的生态环境，为未来高密度城市综合体提供了一个生态的可选择的方向。

“绿色之心”立体花园的概念源于英恩霍文对新加坡植物园的认同和喜爱，同时也是他对新加坡文化认同的结果。英恩霍文认识到植物园对新加坡人的特殊意义。新加坡人将植物园视为其城市文化的核心，是场所性的记忆，是家园的认同。为此，英恩霍文确定了植物园与项目的连接构想，这种连接形成了最初的“绿色之心”的原型。“绿色之心”立体花园位于项目平面的中心位置，是一个被曲线围合的立体绿色空间。“绿色之心”立体花园通过一层的中心点散射到各层，形成了最终的形态。花园引入了 700 多种热带和亚热带植物，引入了鸟类作为最早在此栖息的动物，重新建立了一个具有生物多样性的生态环境，为多样性生物在此安家繁衍提供空间。

基于对新加坡城市文化认同研究，基于对新加坡市民生活习惯的评估，英恩霍文构想了这一“绿色之心”立体花园的概念，而“绿色之心”立体花园及其他立体空间则提供给市民更多城市空间。设计团队设计了多于基地面积的绿化空间和公共空间，总绿化面积达到 125%，而公共空间面积达到 165%。这是一个超越标准的结果，是一个具有前瞻性的绿色方向。

3.3.2.1 项目设计概述

玛丽娜 1 号项目位于新加坡南部玛丽娜海湾，是扩建中央商务区的中心。这片土地是通过填海造地形成的。该地区城市规划的网络走向呈东北－西南和西北－东南的格局。项目所在区域位于新中央商务区的核心地带，基地西北侧是一个城市绿化带，基地东南侧是同基地面积相当的绿色花园。2011 年英恩霍文建筑师团队通过国际招标获得项目，经过 6 年的设计和建造，于 2017 年项目完工并交付使用。

玛丽娜 1 号项目总面积为 400000m^2，是由两组四栋相互不对称的单体构成整体的一个城市综合体。被围合的中心花园被称为“绿色之心”。西北侧两栋楼是写字楼，高度为 200m，共 32 层，面积为 175000m^2。东南侧相对较低的两栋楼是公寓楼，高 120m，共 33 层，面积为 115000m^2，为城市提供了 1042 套高级公寓及复式住宅，将有超过 3000 人在此居住和生活。位于底层的“绿色之心”立体花园配备了商铺、超市、餐厅及其他生活空间，为居民提供便捷的服务。

3.3.2.2 亲生物设计策略

生态绿色是一个全新的绿色概念，这一概念在玛丽娜 1 号项目得以实践。“生态绿色”的概念是：一个再

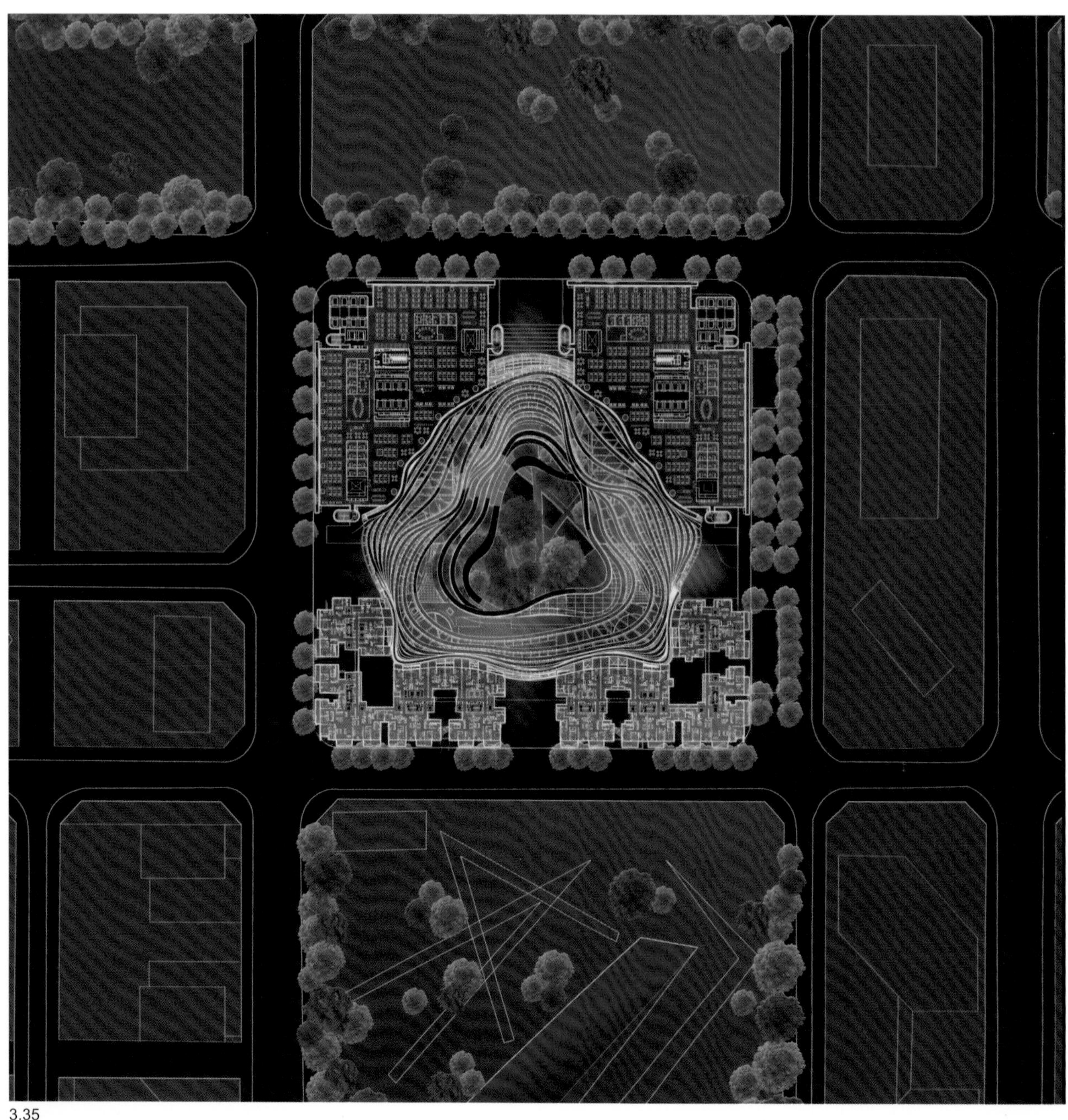

3.35

3.35 玛丽娜 1 号项目总平面图 比例 1:1250

3.36

3.36 玛丽娜 1 号项目剖面图 比例 1:1250

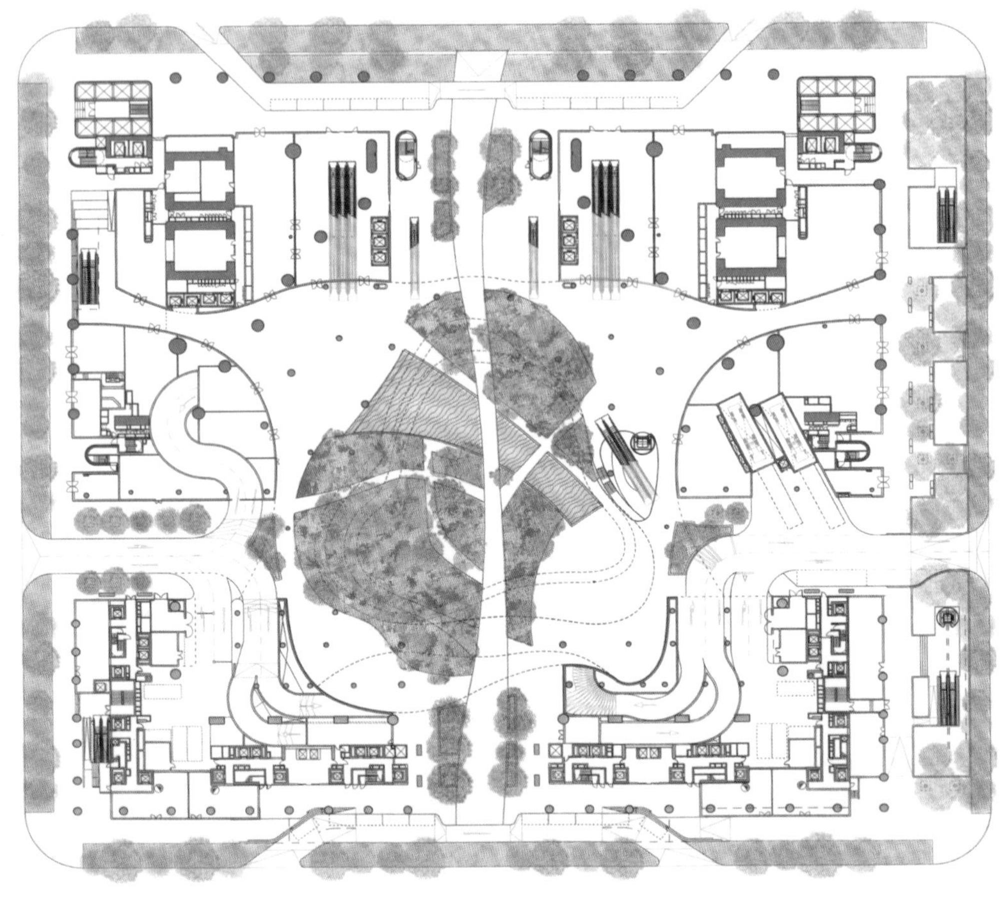

3.37

3.37 玛丽娜 1 号项目平面图

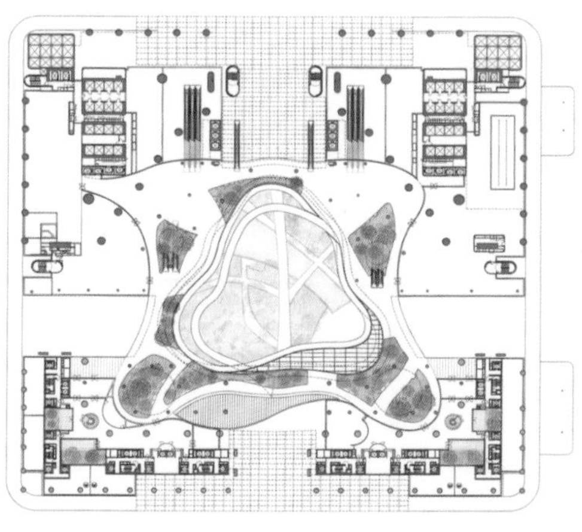

3.38

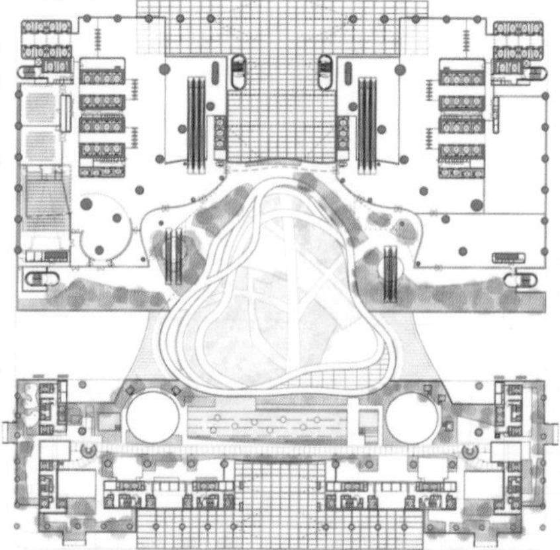

3.39

3.40

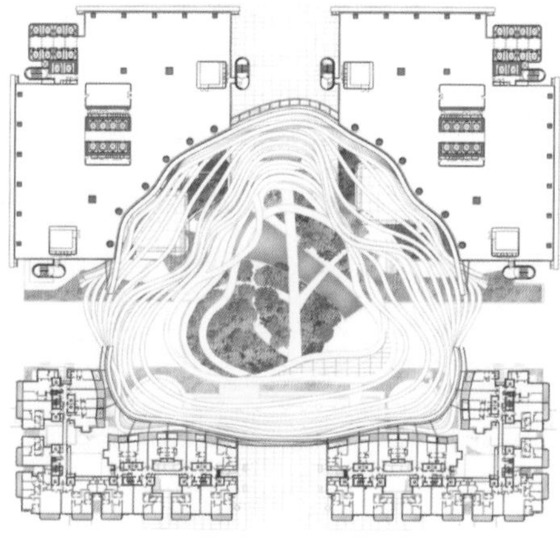

3.41

3.38 玛丽娜 1 号项目二层平面图

3.39 玛丽娜 1 号项目三层平面图

3.40 玛丽娜 1 号项目四层平面图

3.41 玛丽娜 1 号项目标准层平面图

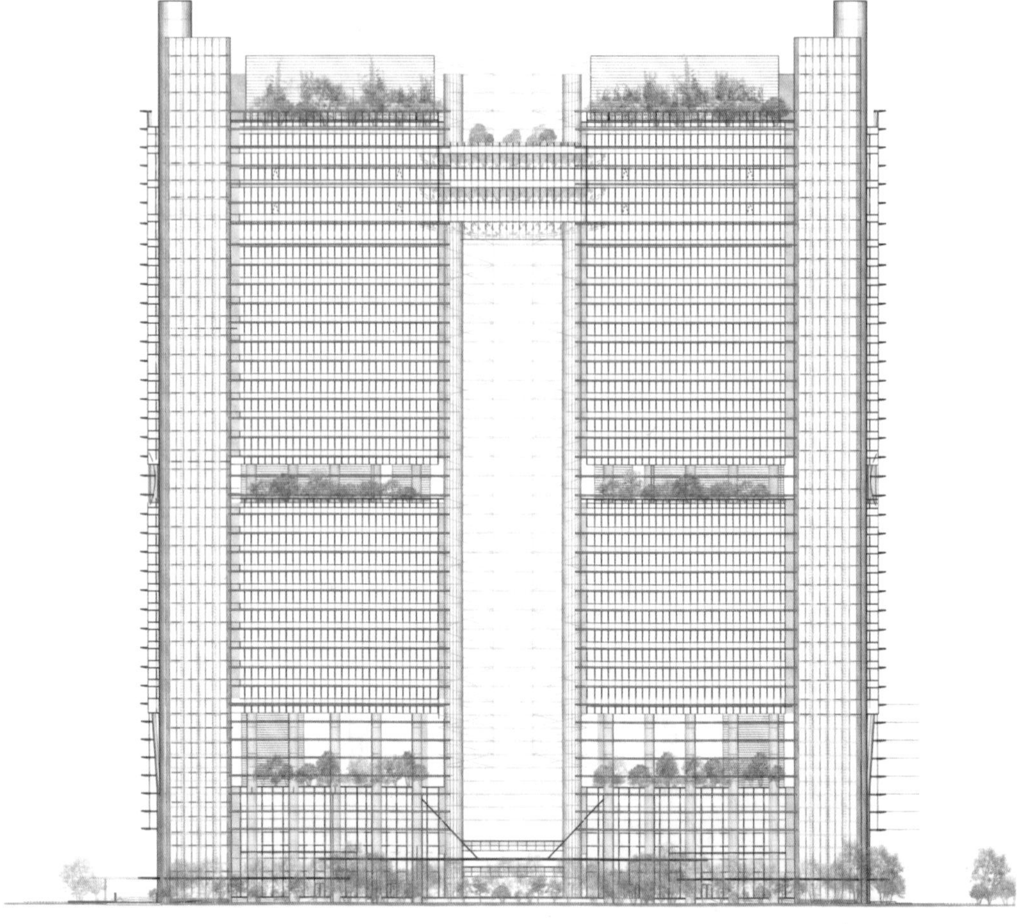

3.42

3.42 玛丽娜 1 号项目办公楼立面图

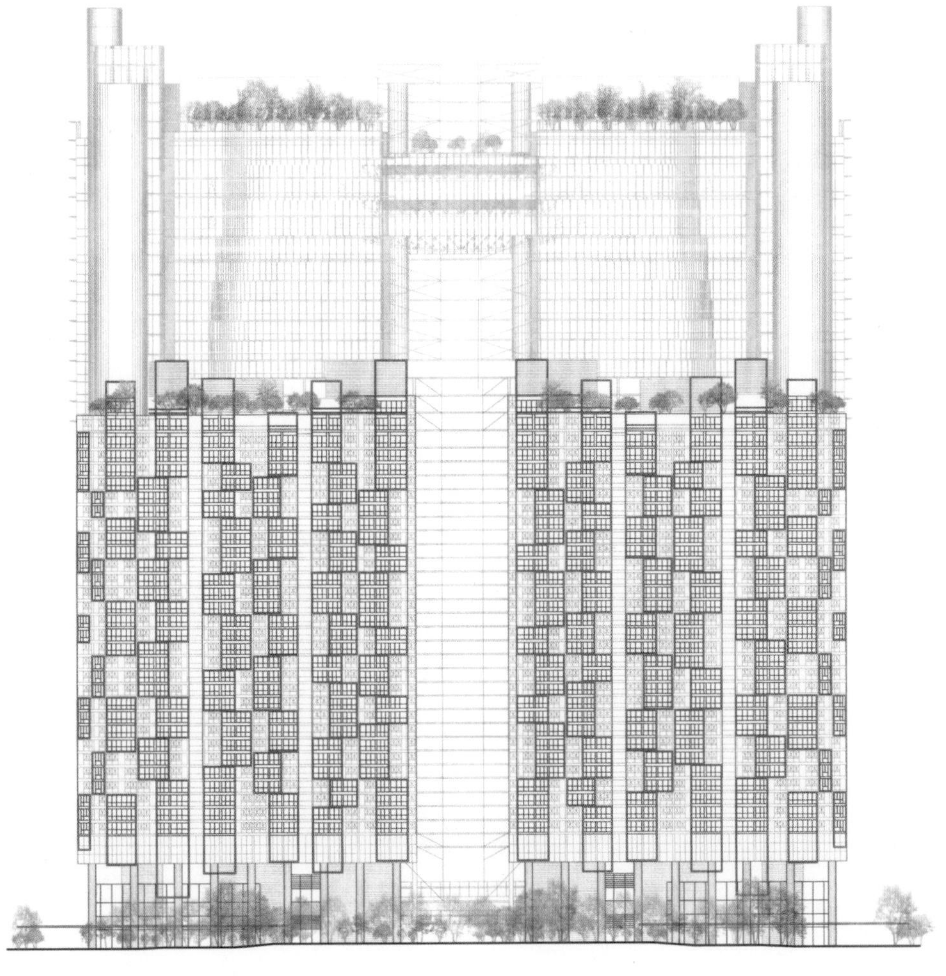

3.43

3.43 玛丽娜 1 号项目公寓楼立面图

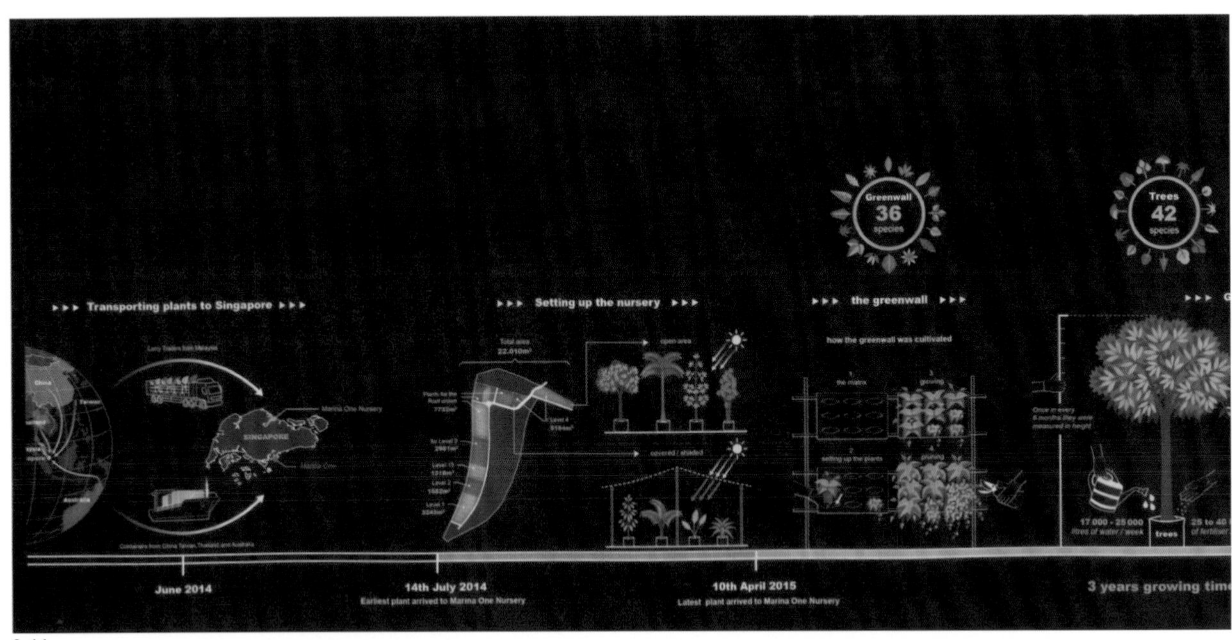

3.44

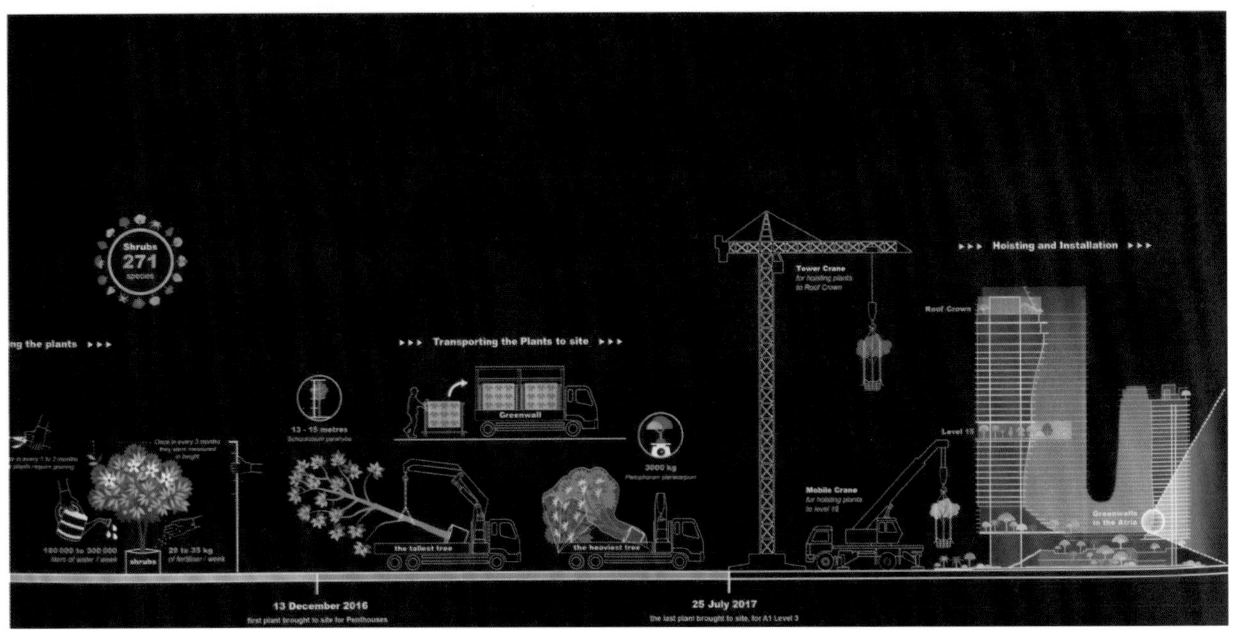

3.45

3.44 玛丽娜 1 号项目绿色策略程序图 1

3.45 玛丽娜 1 号项目绿色策略程序图 2

3.46

3.47

3.48

3.46 玛丽娜 1 号项目“绿色之心”立体花园
3.47 玛丽娜 1 号项目四层泳池
3.48 玛丽娜 1 号项目办公楼效果图
3.49 玛丽娜 1 号项目能源系统图
建筑师：英恩霍文　图片来源：Ingenhoven architects

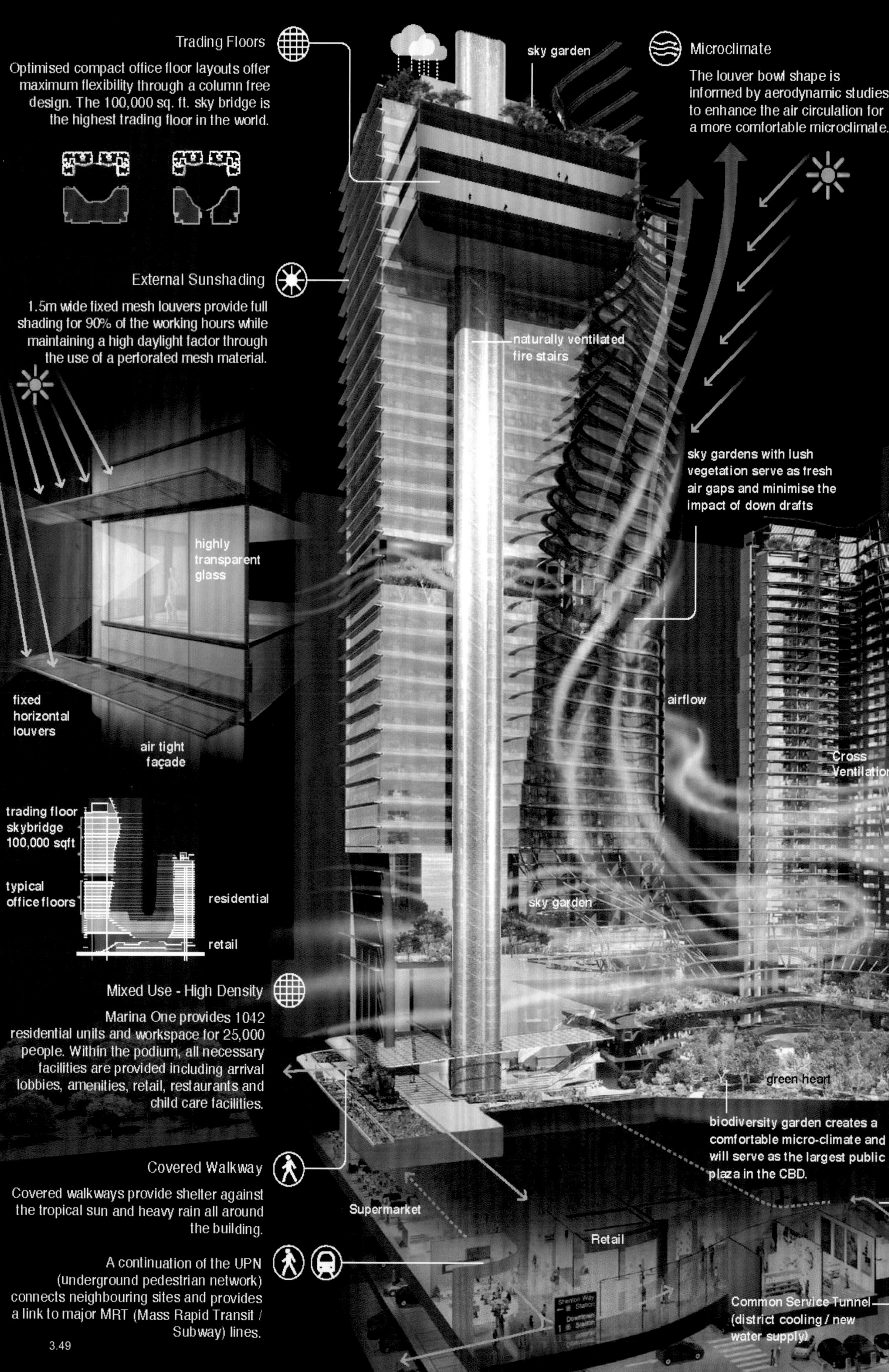

Trading Floors
Optimised compact office floor layouts offer maximum flexibility through a column free design. The 100,000 sq. ft. sky bridge is the highest trading floor in the world.
sky garden
Microclimate
The louver bowl shape is informed by aerodynamic studies to enhance the air circulation for a more comfortable microclimate.
External Sunshading
1.5m wide fixed mesh louvers provide full shading for 90% of the working hours while maintaining a high daylight factor through the use of a perforated mesh material.
naturally ventilated fire stairs
sky gardens with lush vegetation serve as fresh air gaps and minimise the impact of down drafts
highly transparent glass
fixed horizontal louvers
air tight façade
airflow
Cross Ventilation
trading floor skybridge 100,000 sqft
typical office floors
residential
retail
sky garden
Mixed Use - High Density
Marina One provides 1042 residential units and workspace for 25,000 people. Within the podium, all necessary facilities are provided including arrival lobbies, amenities, retail, restaurants and child care facilities.
green heart
biodiversity garden creates a comfortable micro-climate and will serve as the largest public plaza in the CBD.
Covered Walkway
Covered walkways provide shelter against the tropical sun and heavy rain all around the building.
Supermarket
Retail
A continuation of the UPN (underground pedestrian network) connects neighbouring sites and provides a link to major MRT (Mass Rapid Transit / Subway) lines.
Common Service Tunnel (district cooling / new water supply)

3.49

ingenhoven

marina one, singapore • role model for mega cities

Marina One's mixed use towers around a green heart are a human focussed solution for the rapidly growing mega cities within the tropical and sub-tropical climate zones.

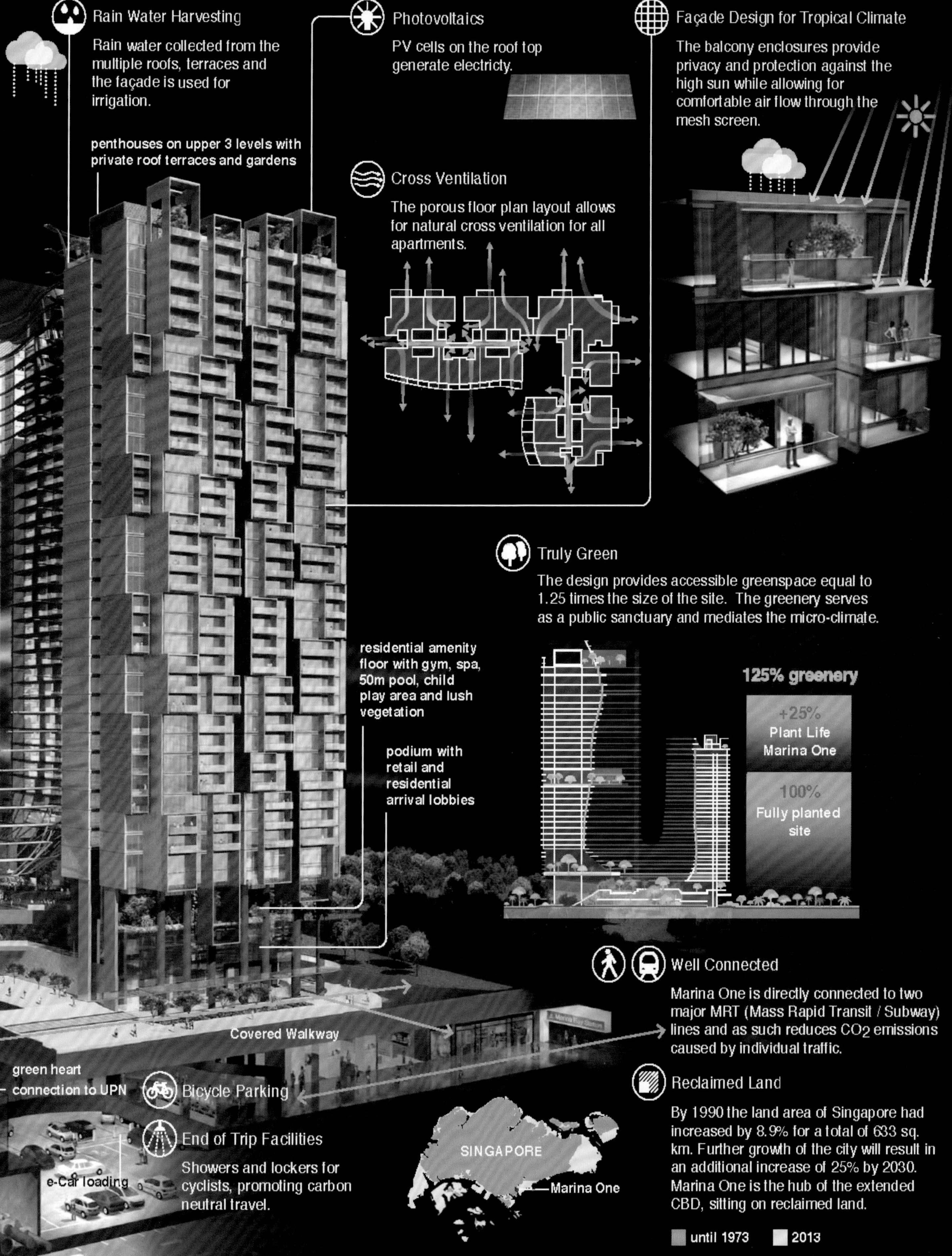

造的人工绿色花园中，材料应该可以回收利用，能源需求应该自给自足，以达到“生命循环”的状态。要构建一个生态的绿色系统必须具备生命四元素的自然性质。在设计的初始阶段就应该将四元素中的光、水、空气和土地纳入设计的程序中，并研究其对于花园的综合作用。

玛丽娜 1 号项目的绿色设计在设计之初就考虑到各种元素的影响和作用。其中“绿色之心”的形态易于光线的进入，使四层的平台和空中花园均得到足够的阳光照射。雨水收集系统可以满足整个花园的灌溉，并有足够的蓄水量支持灌溉。四栋楼的分体设计使自然空气能均匀地进入“绿色之心”立体花园。“绿色之心”的四层平台和空中花园均设计了 2m 的种植深度，满足各类植物的种植要求。

玛丽娜 1 号项目的绿色系统包括 1~3 层的“绿色之心”立体花园、4 层的花园平台、15 层的空中花园，以及 32 层的屋顶花园。花园中构建了 36 种绿色墙面、42 种树木及 271 种灌木。植物种类来自中国、泰国及澳大利亚。植物的培育工作与设计同步进行。早在 2014 年绿色植物的培育工作就开始了。自 2014 年 6 月开始，各类树种通过集装箱运往新加坡的植物基地，在总面积为 22000m^2 的种植基地中开始植物的培植工作。种植基地设有温室栽培，用于保护热带植物。在种植基地里分别制作不同类型的植物绿墙，并定时剪枝。灌木和树木需要定时浇水、施肥，每六个月测量一次其生长高度。各类植物进行了近 3 年的培植和养育，最早一批植物于 2016 年 12 月运往基地开始植入，最后一批植物于 2017 年 7 月移植完毕。

目前已有多种鸟类、昆虫在玛丽娜 1 号项目安家。未来将有更多的昆虫、鸟类、松鼠、蝙蝠等多样性生物在花园栖息。

玛丽娜 1 号项目的绿色设计表现了一种人工和自然融合的美感，经人工设计、修饰和剪枝的绿色植物才能够达到人类审美要求，而没有经过修饰与剪枝的绿植和景观则显得粗糙和无序。在绿植和景观领域中，绿植必须通过修饰和装扮才会表现它们真实的美感。玛丽娜 1 号项目创造了人工和自然组合的美感，小路、过桥、水系灯光与绿植、树木、花朵构成一幅完美画卷，带给人们一种特殊的审美体验。

玛丽娜 1 号项目的生态绿色设计和种植工作是一个系统化的工作程序，由建筑师、景观设计师、植物学家合作完成。绿色植物的培育工作如同建筑师设计建筑组件一样，经过设计、加工（培植）、运输，最终完成安装。

3.3.2.3 生态策略

玛丽娜 1 号项目可以称为“全生命周期”模式设计。全生命周期在生态建筑中意味着规划、设计、建造、使用、扩建、回收均在模式中进行。建筑设计、材料使用、建造周期和模式选择将依据生态建筑的原则组织，同时在规划设计阶段思考未来 40 年后改建和扩建的可能性。

玛丽娜 1 号项目的设计考虑到当地气候，项目的生态系统根据新加坡气候条件、地理位置、区域规划和当地绿色标准制定。玛丽娜 1 号项目所处 CBD 的总体城市规划已经考虑了来自西南和西北的风。项目的城市规划顺应了总体规划的结构网络，使风能够均匀地进入基地，并保证了空气交换的最小阻力。“绿色之心”立体花园的曲线形态增强了自然空气的对流，通过花园露台和空中花园将相对较冷的空气引入“绿色之心”立体花园，保证了相对舒适的温度。

玛丽娜1号项目通过以下节能系统实现其生态策略。

遮阳系统

新加坡地处赤道附近，太阳光多为直射。因此，整体建筑与环境的降温是生态设计的核心，而对于新加坡的气候条件而言，最佳的降温策略是绿化和遮阳。玛丽娜1号项目通过多维的绿色花园和高效遮阳实现项目整体降温，其总体绿植可以降低20%的热量。位于写字楼32层的屋顶花园直接降低了23%的室内温度，位于4层露台及首层的绿色植被可以降低10%~20%的热量。“绿色之心”的总体植被可以降低12℃的温度，同时，进入“绿色之心”的空气经过交换可以降低1.5℃的温度。

玛丽娜1号项目的城市规划的轴线网格呈西北一东南和东北一西南走向，因此，大楼四面均不同程度地接收阳光。建筑每一面均设计了遮阳板，以阻挡阳光和热量进入室内。在“绿色之心”立体花园的空间中设计了1.2~2m进深不等的遮阳板，仅“绿色之心”立体花园的遮掩板的总长度就超过35000m。这些遮阳板有效地阻挡了进入“绿色之心”立体花园的热量。遮阳板为铝合金穿孔材质，穿孔遮阳板是根据空气动力学原理而设计的，它可以增强空气循环，同时可以减轻风压，提供舒适的空气对流。

写字楼的遮阳板被安装在同室内吊顶相同高度的位置，以保证由室内通向外景的视野不被阻挡。该遮阳板伸展尺度为1.5m，材质为金属穿孔板，以便日光进入室内。写字楼的遮阳板设计可以在工作时间内达到90%的遮阳功效。公寓的遮阳方式选用了“全方位”的遮阳模式，一个三面出挑的外框阻挡了来自各个方向的阳光。外框材质是网格式穿孔板，并同阳台出挑尺寸相同。网格式穿孔板不仅提供了遮阳的功效，同时又不阻碍空气的流通。通过网格式穿孔板的空气更为均匀和舒适。

自然通风系统

公寓平面设计了天井和半天井形态的狭槽，其目的是使每套公寓均获得交叉对流的自然通风。该项目地处热带，自然条件不能满足写字楼的自然通风条件，因此，写字楼没有设计自然通风设备。大楼通过高效遮阳措施来阻挡热量进入室内，同时使用三层玻璃墙面阻挡室内冷气的流失。

地下停车场使用机械通风和自然通风的兼容模式，通过特殊的机械设备帮助地下停车场进行自然通风。地下停车场还安装了空气质量监控器，随时监控地下室的空气质量。

设备系统

公寓统一配备了节能冰箱，它能够节省0.32%的总体建筑能耗。办公室及公寓公共空间使用T5荧光灯及LED灯，有利于大楼降低能耗。大楼的空调余热通过先进的设备被统一回收，然后经转换输送到热水系统中，作为制造热水的能源。

大楼的电梯系统为可持续驱动系统。34组电梯都配备了变频调速电机，使电梯具备睡眠模式功能。该功能每年可以节约235024 kW·h。

公寓统一配备节水洗衣机，同时，卫生间使用的洁具都具备节水功能。这些产品可以节约40%的总体用水量。

3.50

3.51

3.50 杜塞尔多夫 Kö-Bogen II 项目现场图 1　建筑师：英恩霍文　图片来源：Ingenhoven architects
3.51 杜塞尔多夫 Kö-Bogen II 项目现场图 2（左侧高层为蒂森克虏伯大厦，正面中部为演员剧院）

雨水收集系统

来自屋顶、露台及外立面的雨水将被系统收集。收集的雨水首先被储存起来，然后再进行灌溉。所有被收集的雨水将用于“绿色之心”立体花园及景观花园的灌溉。收集的雨水可以储存三天，以保证雨水的质量。位于两个办公塔楼的高层设备空间设计了蓄水设备，该设备储存容量达到 125m³。公寓的蓄水设备位于公寓的中层设备房，它有 63m³ 的蓄水容量，以确保天气干燥时有足够多的灌溉用水。

材料系统

大楼使用的所有建筑材料，包括室内隔墙、室内墙面及景观花园，均为经绿色认证的环保材料，可以阻止材料对室内造成污染。大楼使用了 100% 的绿色混凝土，以达到基本的绿色标准。经过认证的环保材料同时具备可持续的回收功效。其中 20% 的室内隔墙可以回收，20% 的吊顶材料可以回收，用于地面的模块双层地板回收率达到 50%，用于结构使用的钢材可以回收 25%，用于工地设备洗涤的铜渣可以回收 10%，洗手间隔墙能够回收 20%。

大楼管理系统

大楼使用了智能管理系统，先进的智能管理系统提供高效的服务，同时达到全面节能的目标。在写字楼及公寓楼的楼梯间、更衣室及公共的交通空间共安装了 344 个移动传感器，有效控制了这些空间的照明时间。地下停车场安装了智能停车引导系统，以准确显示停车场空余的位置，引导司机便捷停车。如果司机忘记了自己停车的位置，可以通过系统查找，方便取车。

气动垃圾收集系统

写字楼和公寓楼使用了气动垃圾收集系统。被分类的垃圾经气动管道输送到地下室的收集箱中，收集箱装满后被运送到城市垃圾集中地。

3.3.3 杜塞尔多夫 Kö-Bogen II 项目

由英恩霍文设计的 Kö-Bogen II 商业办公大厦，于 2021 年建设完成。该项目由两部分组成：西侧建筑呈三角形，东侧建筑呈不规则四边形。两个建筑形成了一个近似山谷的入口，并指向北侧的两个标志性建筑，即北侧的演员剧场和西北侧的蒂森克虏伯大厦。Kö-Bogen II 商业办公大厦的东侧建筑形态为不规则的四边形，建筑的西侧和北侧呈斜坡状，易于植物更多地接收阳光，建筑的东侧和南侧设计了具有商业功能的玻璃立面。建筑的西侧、北侧及屋顶均种植了灌木植物。灌木植物总共 30000 多株（总长度为 8km），是欧洲目前最大的立体绿色植物建筑。从城市认同的角度来看，蒂森克虏伯的建设标志着汽车时代的开始与发展，而 Kö-Bogen II 商业办公大厦的建设标志着汽车时代的结束和绿色能源时代的开始。从此，城市将进入以环保为指导原则的工业系统，并以人为中心，以多元化立体绿色植物建筑应对气候变化。

绿色立面对小气候的积极影响不再有争议，其空气冷却、空气净化、降噪等功效影响着城市的生态平衡，重要的是，绿色立面增加了城市的绿色植物面积。立面上植物排序是一个中心问题，它不应该是常绿的，应该根据颜色进行季节性调整，而且应该是落叶的。它应该

3.52

3.52 杜塞尔多夫 Kö-Bogen II 项目总平面图

3.53

3.54

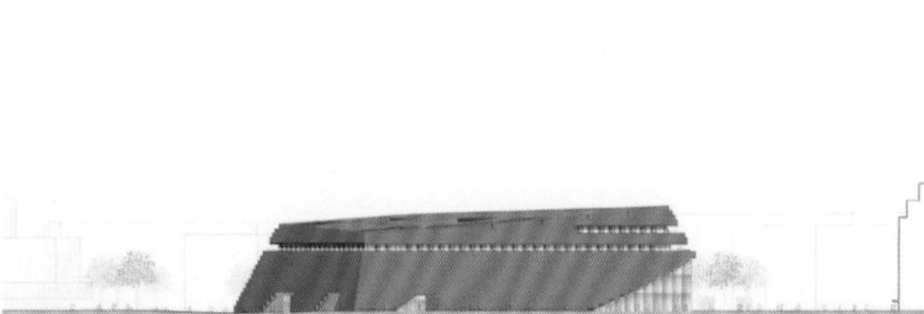

3.55

3.56

3.53 杜塞尔多夫 Kö-Bogen II 项目一层平面图

3.54 杜塞尔多夫 Kö-Bogen II 项目三层平面图

3.55 杜塞尔多夫 Kö-Bogen II 项目立面图

3.56 杜塞尔多夫 Kö-Bogen II 项目剖面图

3.57

3.58

3.57 杜塞尔多夫 Kö-Bogen II 项目绿植墙面 1
3.58 杜塞尔多夫 Kö-Bogen II 项目绿植墙面 2

3.59

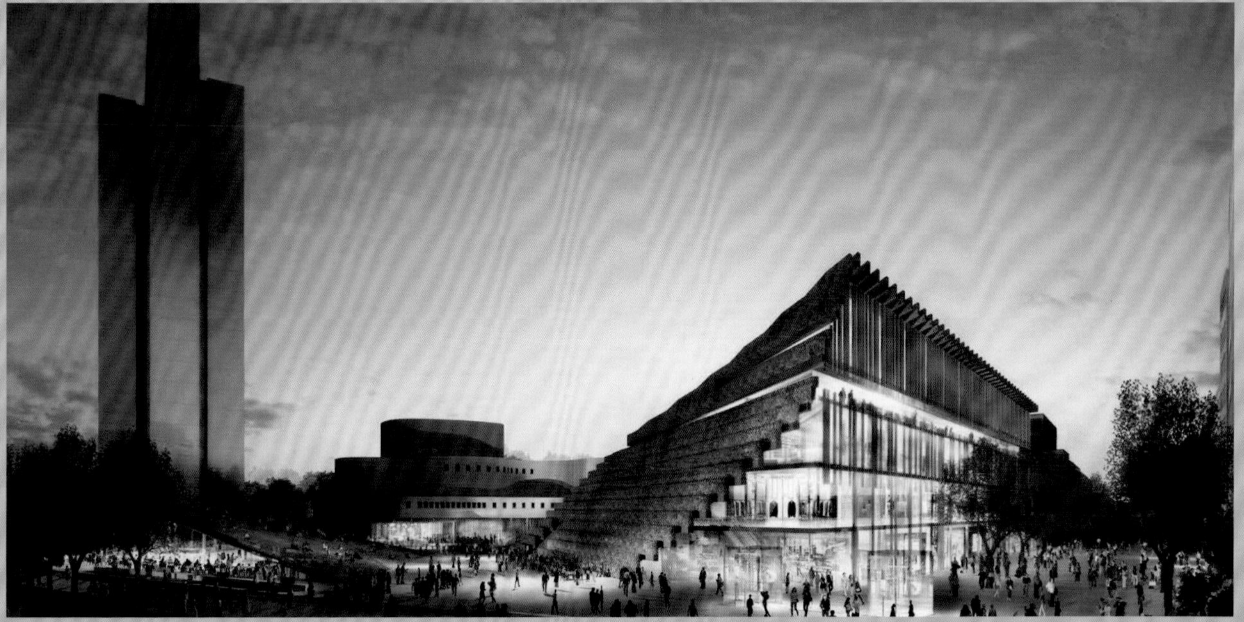

3.60

3.59 杜塞尔多夫 Kö-Bogen II 项目绿植图片 1
3.60 杜塞尔多夫 Kö-Bogen II 项目绿植图片 2

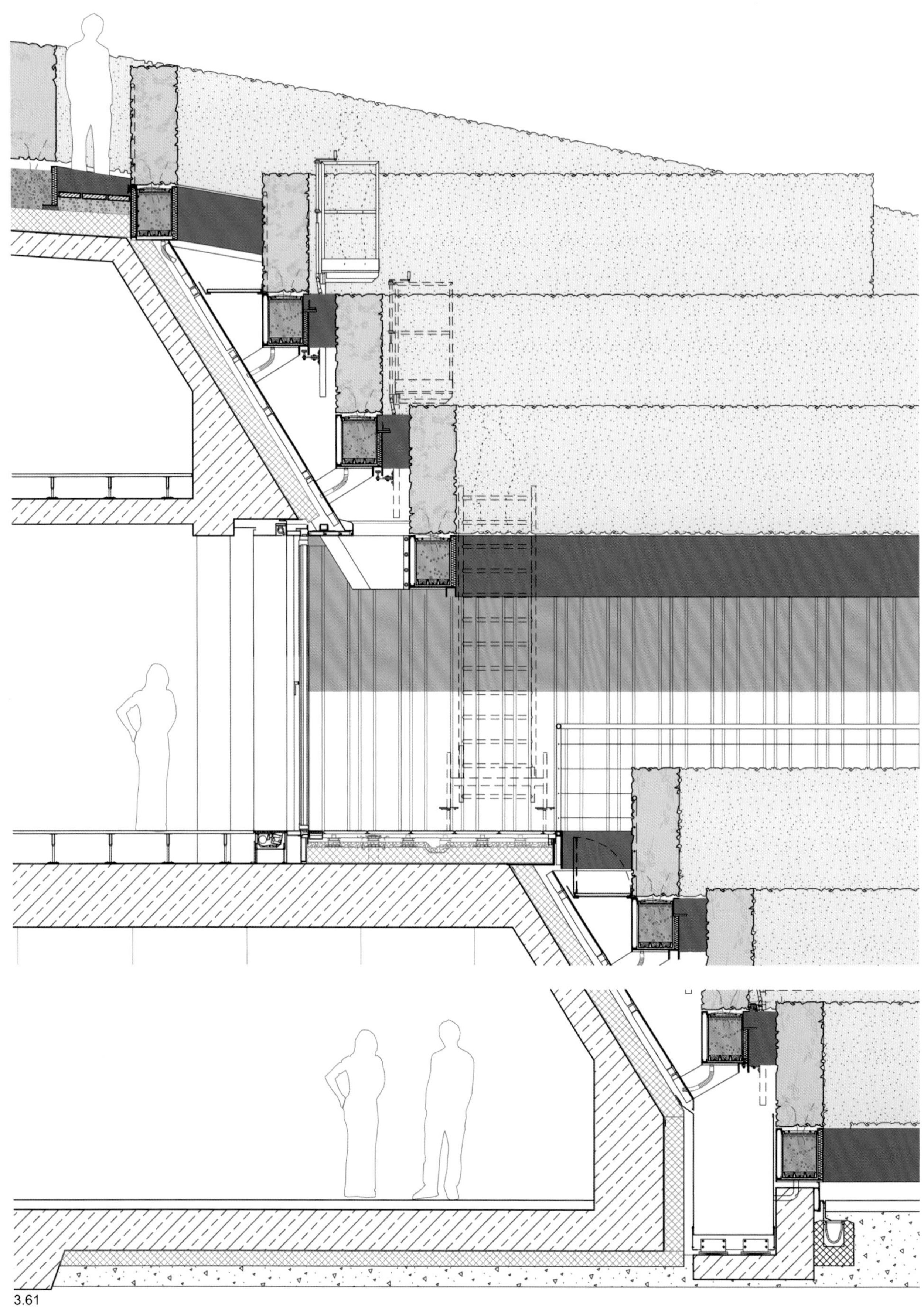

3.61

3.61 杜塞尔多夫 Kö-Bogen II 项目阶梯绿色植物节点

是原生的，易于护理，并能抵抗恶劣的天气条件。植物必须能够放置在槽或桶中，并且在发生部分故障时易于更换。同时，它的成本也要得到控制。最终，发现了符合上述大部分条件的 Carpinus betulus 植物。除了“消极攀爬行为”，该植物的特征还在于冬季生理活动减少（停止生长的冬眠），从而降低了遭受干旱的风险。30000 株植物在至少三年的时间里在 3500 个植物箱中生长和成型。现在它们在立面上的这些箱子中，排列总长达 8km。当在维护绿植时，它们盘旋在金属板立面上方的位置已经很清楚了，因此已经可以模拟苗圃中的曝光（光、风）和高度。还对选定的部分进行了滴灌模拟，以适应后来的环境。供应管线穿过安装在屋顶蒙皮上的植物箱的支撑结构。水和肥料是必不可少的，否则，即使是耐寒的鹅耳枥也不会长久存活。这是此处安装冗余系统的原因之一，如果供水线路系统出现故障，则用浇水替代。一年中每米树篱需要 2~5.5L 水（每天 8 小时）。为了使植物不会淹死（下面的积聚层溢出），多余的水会被排出。

最初，每年对绿色植物修剪三次，目前预计会修剪两次。树篱是手工塑造，三个园丁修剪整个树篱大约需要一周时间。目前仍在使用的起重车以后不应再使用。修剪的落叶在现场收集并装在袋子里运走。修剪时脱落的枝叶等残余物可以使用气压“扫”到金属板蒙皮上。除了已经提到的营销效果，再加上通过其 DGNB 铂金预认证升级物业，成为“新商业建筑”类别的标准水平，大规模的绿化对内部都有影响（较少的热量输入），并向附近的城市空间外溢。此外，这些植物产生的氧气与大约 80 棵树产生的氧气一样多。还储存了 1~2t 气候变暖剂——二氧化碳。

3.62

3.63

3.64

3.62 杜塞尔多夫 Kö-Bogen II 项目北侧梯形绿植图片 1
3.63 杜塞尔多夫 Kö-Bogen II 项目绿植图片
3.64 杜塞尔多夫 Kö-Bogen II 项目北侧梯形绿植图片 2
建筑师：英恩霍文　图片来源：Ingenhoven architects

第4章　健康的光线与空气

光是一种重要的物理现象。人类依赖太阳光得以生存。虽然人工光源使人类的生活变得轻松和安全，但它不可以取代日光功效，因为日光带给我们的是双重能量，即光和热。高效利用自然光源，多元使用自然光是生态建筑技术倾向建筑的新题目。通过技术应用，极限使用自然光源，以达到节约能源和保护环境的目的。

空气是人类生存的另外一个重要物质。人类通过空气的交换完成新陈代谢，同样建筑需要空气的交换保持正常运行。如何高效使用空气是生态建筑另外一个需要关注的重要课题。在任何形式的建筑中，使用自然空气是最佳的选择。其中技术也扮演着一个重要角色，通过技术可以使建筑达到最佳的空气质量，同时兼顾生态和节能的需求。

建筑物的自然通风将降低感染病毒的风险，而机械的通风装置可能会造成病毒的输出。因此，关注自然的通风还意味着关注公众的健康。

4.1　健康光线

4.1.1　建筑与光

建筑空间是通过人的感官及视觉体验而存在的，而视觉体验是通过光的照射维度而实现的。瑞士建筑师皮埃尔•冯•梅斯 (Pierre von Meiss) 认为建筑设计是“在空间中放置和控制光源的艺术[79]”。他理解的“光”包括实际的光源，诸如被照亮的建筑形态和物体，以及建筑封闭的表面和结构构件，以及其他建筑元素。从这一角度分析，结构在建筑中是一个重要的元素，结构是光的一种表象，光线穿过或照亮结构的地方，也是光线进入空间的方式和地点的控制器。

当砖石承重结构建筑在建筑史中占统治地位时，必须通过开窗才能使室内获得光线，同时这也被部分建筑师理解为结构的缺失。美国建筑师玛丽埃塔•S. 米勒 (Marietta S.Mille) 对建筑结构与光之间的关系的描述尤其适合于古典建筑时期。她认为：“结构决定了光进入的地方，不是光本身的功能，而是结构控制光的潜力。结构模块提供光的节奏，没有光线，结构在那里，光存在于结构元素之间。[80]”然而，自 19 世纪以来，钢结构和玻璃幕墙建筑的引入，在建筑空间中不再是结构和光的问题了，此时，建筑和光可以共存。细小的外墙构件对光进入空间的影响很小，从而引发了光对于建筑和室内相同的品质表现。夜晚，从建筑中透出的人造光，表现了建筑的另外一种质感和品质。

美国建筑师路易斯•康 (Louis Kahn) 是一位对建筑与光线做出贡献的建筑师，通过他人的转述可以了解一下路易斯•康对光与建筑的深度理解：“早在 1954 年，他就想到可以将圆柱体挖空，以便使其外围成为进入圆柱体光的过滤器……1961 年，康在费城启动了密克威犹太教堂 (Mikveh Israel Synagogue) 项目。在那里，他每隔一段时间将空心柱插入外墙。这些非结构的圆柱体纯当扩散室。阳光透过其外部开口进行照射，并发射到圆柱体内部，巧妙地通过开口进入教堂内部……康开始使用空心柱子作为复杂的调光装置。[81]”康在其达卡国民议会大厦 (NBational Assembly Building at Dacca) 的项目中使用结构柱作为调光构件，进一步通过光线来塑造建筑的质感，并有力证明其“结构是光的给予者[82]”的信条。

4.1

4.2

4.1/4.2 法兰克福城市博物馆改建工程

建筑师：Schneider+Schumacher Frankfurt　竣工时间：2012 年　图片来源：https://www.schneider-schumacher.de

光是塑造建筑形态与品质的一个重要因素，不同的光线给予材料不同的质地。在建筑意义方面，光可以强化建筑的造型，表现建筑的社会意义，强调结构的技术精神。在建筑功效领域，光的有效使用及最大化思考，可以帮助建筑节约能源和提高功效。法兰克福城市博物馆改建工程创造了一个地下展览大厅，通过光表现建筑的存在。排列整齐的光孔是地面唯一的建筑元素，白天它将自然光线引入地下，晚上又起到地面照明的作用。优先考虑光的效应会引来更好的造型和品质表现，并应同时思考光线对于建筑效率的支持。本节主要讨论的题目是生态建筑中光的使用效率。

4.1.2 日光

日光照明可以显著提高生命周期、减少排放并降低运营成本，帮助节省能源消耗。日光还可以减少温室气体的排放，减低化石燃料消耗和降低总体能源成本。同时，日光对居住者的总体舒适度和幸福感有很大影响。

日光策略取决于自然光的可用性，以及建筑物的地理位置和环境条件，同时日光也受气候的影响。气候影响包含季节性变化因素、气候条件、环境温度和日照率。了解气候，以及拟建建筑的每个立面、屋顶是日光设计必不可少的程序。高纬度地区有明显的夏季和冬季日照条件。在冬季日光水平较低时，需要最大限度提高光在建筑中的穿透率，使光线到达主要区域。相比之下，在全年日照水平较高的热带地区，需要通过限制进入建筑的日照来防止室内温度过高，同时，可以允许来自天空下部的日光进入室内，或者间接通过不同形式的反射来实现。

4.1.3 优化自然光线

大楼的自然照明，特别是人们每天工作的办公空间，需要根据个人需求自行调节自然光线。遮阳控制和炫光保护成为优化办公空间和保证工作质量的重要因素。

日光的直接使用是需要通过技术完成的，因为必须控制炫光才能使人们在计算机面前不被干扰。遮阳控制和炫光保护的组合使用可以使办公室有舒适的光线。日光的全面应用可以通过智能的规划实现。现代的办公楼设计，一般采用落地窗的幕墙形式，同时玻璃面同地面和天花等高，使日光可以照射至办公室 7m 的进深。大楼可以通过一个组合的遮阳控制和炫光保护系统，来控制室内舒适的自然光线，同时设计向外开启的通风窗，以便不影响遮阳系统在大楼开窗时的功能。

不同的日光特性可以通过高效的遮阳帘和半透明纺织材质的防眩光屏单独控制。遮阳装置可根据建筑形式、高度及风压状况设计成外置或内置。外置遮阳装置虽然高效，但它受制于建筑的高度。低层建筑风压小，适合外置遮阳装置，而高层建筑风压强，则不适合外置遮阳装置。

4.1.4 不同光照条件的策略

针对特定气候和地理条件将制定不同的采光策略，设计之前必须了解地区的气候状况，以便采用合适的策略。

天窗

漫射天光的策略以多云的天气或晴天条件为基础。基于这一条件可以选择合适的遮阳措施，以阻止阳光的

4.3

4.4

4.5

4.6

4.7

4.8

4.3 美国传统办公室灯光 / 遮阳
图片来源：https://glineinc.com/wp-content/uploads/2016/11/day-lighting-shades-system-lightshelf-office.jpg
4.4 迪拜 Alif 2020 年世博会移动展馆 建筑师：福斯特 竣工时间：2020 年
图片来源：https://www.fosterandpartners.com

4.5 莱茵集团大楼项目百叶窗 建筑师：英恩霍文
4.6 华盛顿 CityCenterDC 项目百叶窗
4.7 华盛顿 Smithsonian 学会庭院无遮阳玻璃屋顶
4.8 Ekaterinburg RCC 总部大楼无遮阳窗

直射，同时考虑防止炫光，提供舒适的光线。遮阳控制是一种防止阳光直射的热功能，炫光保护是一种调节视野中高亮度的视觉功能。防止炫光的系统不仅仅包括直射阳光，还包括天窗和反射阳光。

多云的天气

对于多云的天气条件，应该考虑使用更多的窗户或玻璃幕墙以便将日光引入室内。如果采用窗户，则窗户的位置应较高，以便光线射入。玻璃幕墙和大型窗户的设置必须考虑必要的遮阳控制和防止炫光的措施。而对于多云的天气条件，防止炫光更为重要。

晴天

与多云天气的采光策略相反，在晴天占主要地位的气候中，漫射天光的策略必须始终解决阻止阳光直射的问题，即遮阳控制保护比防止炫光保护更重要。

阳光直射

直射的阳光可以使空间非常明亮，入射到小光圈的阳光足以为大型室内空间提供日光水平。由于太阳光是平行光源，很容易引导和输送直射太阳光。对于直射光线，需要可调节的遮阳设施。

4.1.5 采光系统

采光系统将玻璃与外墙、屋顶和其他元素相结合，以加强对光线的引入和传输的控制。现今，玻璃幕墙建筑已成为公共建筑的主流，但基于经济、能源的原因，大多数居住建筑还是需要使用普通窗户。无论玻璃幕墙还是普通开窗都应该满足以下目标。

（1）与传统设计相比，提供日光到达与外墙更深的地方。

（2）为以阴天为主的气候条件增加可用日光。

（3）在需要控制阳光直射的晴朗的气候条件下增加可用日光。

（4）被外部障碍物遮挡并因此造成太空视野受限的地方增加可用日光。

（5）将可用日光输送到无窗空间[83]。

以上目标可通过两组系统实现：带遮阳的采光系统和无遮阳的采光系统。

带遮阳的采光系统

通过遮阳装置将光线均匀送入室内，同时遮挡直射阳光，以减少炫光或太阳能增益。在温带地区，传统的方式是设置外部遮阳设施，以减少阳光进入室内。以下介绍两种重要的方式。

轻型遮阳板：轻型遮阳板是一种传统的采光遮阳系统，源于埃及的法老时代。其目的是遮挡和反射顶部表面的光线，同时遮挡来自天空的直接炫光。它近似水平地安装在窗户上侧中间位置，并且通常高于人体视线。遮阳板的高度越低，反射到天花板上的光线越强，但也会增加炫光的发生率。

百叶窗遮阳系统：百叶窗是传统的采光系统，可用于遮光和重新引导日光。根据百叶条的角度，百叶窗部分或完全阻碍了向外的定向视野。在阳光充足的情况下，百叶窗会沿着板条产生极其明亮的线条，从而导致炫光的现象。对于水平角度的百叶窗，由于板条和相邻表面之间的亮度对比度增加，直射阳光和漫射天光都会增加炫光。将百叶向上倾斜会增加炫光和天空的能见度；向下倾斜百叶可提供遮阳并减少炫光问题。百叶窗还可以减少日光对阳光的直射渗透，当阴天时，百叶窗可促进日光的分布。

无遮阳的采光系统

无遮阳的采光系统主要设计用于将日光定向到远离

4.9

4.10

4.9 英恩霍文事务所办公室内景

4.10 英恩霍文事务所办公室过渡空间　图片来源：www.erco.de

窗户或天窗开口的位置，以阻挡阳光的直射。温带地区的大型公共建筑的玻璃天窗或玻璃屋顶可以使用无遮阳的采光系统。

天顶开口是一个采光系统，用于收集大部分天空漫射日光，而且不允许阳光直射。这种形式的天窗系统适合单层建筑、中庭空间。对于北半球的位置，开口应该向北倾斜，以避免阳光射入。

4.1.6　设计原则

采光的设计原则基于生态建筑设计框架，它是对生态建筑设计原则的补充。印度学者 D.Sandansamy 等人提出了 12 项设计原则。

（1）除非需要热舒适，否则设置避免阳光直射的天窗。

（2）反射日光以产生直接日光。

（3）从上方引入日光以获得更大的穿透力。

（4）将日光过滤到建筑物中。

（5）采用可持续设计原则。

（6）最大化天花板高度。

（7）提供独立于日光玻璃的观景玻璃。

（8）确定日光在照明设计中是主要角色，还是补充角色。

（9）采用内外结合的控制措施。

（10）正确规划建筑的几何形态和内部空间。

（11）在窗框和相邻墙壁之间设立低对比度，以减少炫光并改善视觉。

（12）通过控制系统将人工照明与自然照明相结合。

日间照明通过侧面、顶部或两者之间的开口分布到室内空间。常见日间照明策略包括：①单面照明；②双边照明；③多边照明；④天窗；⑤轻型遮阳板；⑥借光；⑦顶部照明（天花板灯、屋顶监视器、锯齿形、庭院、光景和中庭）。[84]

4.1.7　优化人造光线

合理规划人造光线，将智能的照明设计同人的心理感知相融合，以达到类似于日光的照明质量，同时最大限度减少人工照明，并将照度保持在所需范围内。重视各个功能区域的视觉结构，在不同的功能区域构建适合功能和环境的视觉光线。为了承担更多的照明任务，满足现代高效办公及舒适的要求，灯光规划应提出综合的解决方案，并适用于灵活办公布局的改变性。

英恩霍文事务所办公室的灯光系统使用了具有灵活转向的聚光灯和条形电源轨道照明的综合解决方案。通过窄点、聚光、椭圆形泛光、宽泛光等光线分布提供不同的工作区域的照明质量。

4.1.8　控制电气照明

控制电气照明是照明能源使用与节约的重要策略。照明控制包含根据日光自动调暗灯光，根据占用情况调节光线强度，打开和关闭，以及执行流明的维护，即自动补偿长期的流明损失。照明控制为这些问题提出了解决方案：照明能量监控与诊断、易于访问的调光功能，以及相应公共设施的信号功能。

4.1.9　电气照明的组成部分

控制照明系统来优化人工照明，可以通过连接系统控制每个灯具或整个建筑物及楼层的灯光。控制系统通常依赖单个日光传感器，它位于电路（或灯具）中心大

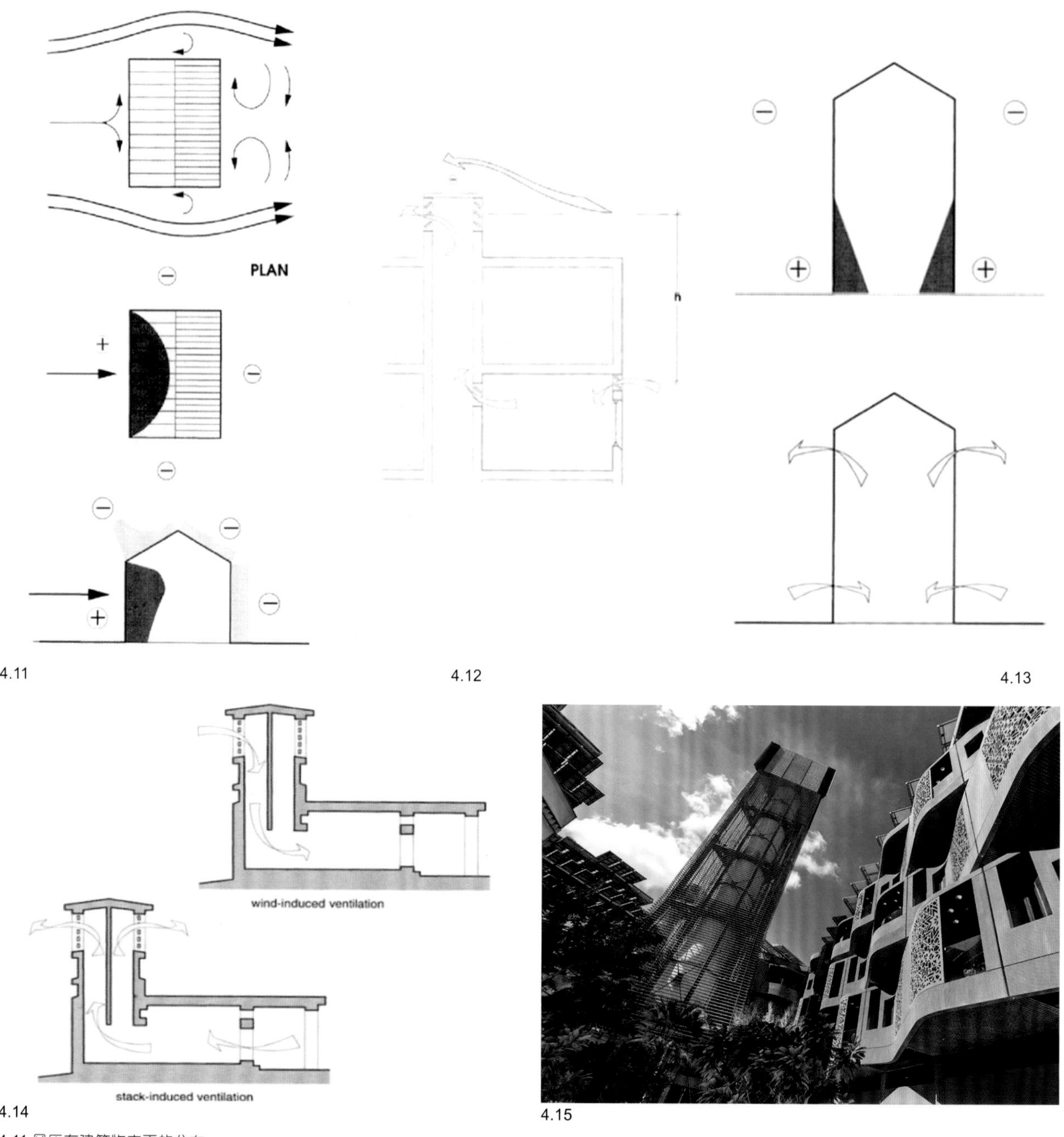

4.11

4.12

4.13

4.14

4.15

4.11 风压在建筑物表面的分布

4.12 通过风吸力或热浮力驱动“烟囱效应”

4.13 传统的伊朗风塔 图片来源：Nick Baker and Koen Steemers Energy and Enviroment in Architecture

4.14 传统的伊朗风塔

4.15 马斯达尔城风塔场景。马斯达尔城风塔从上将风向下输送，而位于顶部的雾气发生器为空气增加额外的冷却，蒸发冷却和空气流动技术组合有助于降低气温，从而改善舒适度。建筑师：福斯特 竣工时间：2017 年

面积的天花板上，并在传感器本身或内部进行现场校准。控制器保持恒定的照度。控件可在其预备级别（即灯光级别范围）中进行调节，具有阶梯式或连续式照明范围。

光传感器：所有类型的光电控制元件都是传感器，它检测日光的强度并向控制器发出信号，控制器将相应地调整照明。

控制器：控制器位于电路的开头，并结合算法处理来自光电传感器的信号。

调光和开关装置：调光装置通过改变流向电灯的功率，平滑地改变电灯的光输入。如果日光低于目标照度，则控件会增加照明，为工作平面提供适当的照明。如果调光器与日光相连，并且灯在其使用寿命期间开始变暗以补偿其增加的输出。

使用人员感应器：在现代办公模式中，许多员工经常不在自己的岗位上工作，人员感应器的使用可根据员工情况自动调节灯光。

使用人员行为：手动控制是一个必不可少的设置，使用者可以根据自己的习惯和舒适度调节灯光的强度。

节约电能：通过智能的控制系统，根据日光量调节光线，实现能源节约。

4.2 空气与建筑

任何空调系统都不能取代自然通风，因为自然通风不仅仅是生态的目的，更多的是健康的目的。在现代多元的建筑形式中，已不可能通过简单的开启窗来实现空气交流的目的，必须通过完整的系统和设计实现。其中智能幕墙是完整的系统中的一项要素，通过系统的设计将自然空气引入室内，形成自然的空气交换，同时保证了空气的质量。实现自然的空气交换必须依据两个原则：首先，依据现代幕墙的基本原理，设计高效通风的幕墙系统，同时结合遮阳系统构成组合构件；其次，提出最佳的综合解决方案，综合建立大楼通风系统。

4.2.1 通风系统

通风系统包含了自然通风系统和机械通风系统。自然通风适用于合适的气温、气候和季节，但对于极端的天气和季节必须通过机械通风完成建筑的空气交换。通风可以使空间温度冷却并造成空气流动，同时使空间内的二氧化碳、水蒸气、气味等污染排出，维持了空气的质量，保证健康的环境。在寒冷的气候条件下，通风会在取暖季节造成热量损失，这会导致节能和空气质量的利益冲突。因此，需要通风设备具备可控制装置，以平衡能源与通风的需求。

4.2.2 自然通风

通风系统可由风压和热浮力（烟筒效应）产生。根据风力和温度条件，两者在建筑物上以不同的方式运行。

形成自然通风的前提是风压，风压是由吹向和（或）经过建筑物的风引起的压力。当空气偏转或速度降低时，动量的变化会在建筑物表面产生压力。压力的广泛模式是一种常识性概念，即由迎风侧的正压力和背风侧的负压力形成。

建筑的维护结构必须具备封闭性，否则会导致空气流入迎风面，穿过建筑物并从背面流出。这意在强调需要更高的通风率提供交叉通风。这意味着在迎风面和背风面提供开口，同时在建筑物内提供气流路径。热浮力产生的垂直压差取决于热空气和外部温度之间的平均温差及热空气柱的高度。驱动自然通风热浮力的问题在于，在冬季温差最大时，热浮力处于最大值。这通常是在只需要最少通风的情况下，并在寒冷气候条件下的高层建筑中，可以设置非常大的压差。在温暖的条件下，可以将温度调高至舒适温度以上，以产生更大的压差，促进通风。

自然通风的设计主要体现在外墙开口的设置上，设置合适的开口并同时防止风压对室内舒适度的影响。交叉通风是传统建筑最为普通的通风方式，并适用于现代的生物气候建筑的普遍类型。因为，交叉的空气交流阻碍了风压对室内的影响。建筑物迎风一侧的窗户比背风一侧的窗户少，以便在尽可能少的微风下获得最有利的气流[85]。开窗的位置和尺寸在很大程度上决定了交叉通风的冷却效果。重要的是开口的位置，使用高开口或低开口不仅仅可以促进烟筒效应冷却，同时避开了人体感受风压的高度。通风是所有冷却过程中的一个重要因素，因为所有冷却系统都需要通风作为驱动动力。因此，当建筑师在其项目中创建冷却系统时，通风或气流（自然或机械）的概念至关重要。

风塔是一种传统的促进通风的设置，它可以从建筑物中抽出空气，从而促进自然的气流流入。风塔的最佳形式是垂直的，高出周围建筑，并设置一个开放的顶部。风塔的概念被福斯特和英恩霍文应用，他们通过中庭的设计使之成为自然通风的主要动力。

4.2.3 通风降温

夜间通风冷却是适用于在炎热的白天保持建筑物封闭（不通风）的方法，以及在夜间通过室内空气循环冷却建筑物的方法。夜间通风可以将室内最高温降低至约27℃（比室外平均温度高 1℃）。此外，将最小值降至约21LC[86]。这种形式的冷却用于冷却建筑物内部，允许空气在夜间从外部冷却装置中流动，并在白天关闭建筑物以阻挡温暖的外部空气。当一个具备隔热功效的大体量建筑在夜间通风时，其结构体量通过从内部冷却，绕过维护结构的阻热降温，而在白天，冷却的体量将成为散热器。

4.2.4 机械通风

机械通风是公共建筑的标准配置，因为它的运行不受任何气候和温度的影响。当需要机械系统时，控制系统将对能源消耗产生重大影响。机械通风能够提供新鲜空气和去除或稀释污染物等，并具有加热、冷却、湿度控制等功能。对于建筑师来讲，需要综合考虑如何将自然通风的节能效率和机械通风的健康因素融合。例如，在温带地区，自然的通风系统可以占主要地位，而机械系统可以成为必要的补充。而在热带地区，机械通风系统必然占统治地位。

4.3 项目实践

4.3.1 斯图加特中央火车站项目光线设计

通过模型实验优化斯图加特中央火车站项目自然光和人造光的使用。项目中的光眼（Light eyes）组成了整体的站台大厅外壳，壳中的 23 个光眼被均匀排列在宫殿花园中。日光通过光眼均匀地照射到站台大厅，即使在阴天，站台大厅也有舒适的光线。通过一个 1:30 的工作模型对日光进行了效率测试。结果显示：平均 5% 的日光能够直接照射到站台，其中位于光眼下的站台部分可以获得 10%~15% 的日光。在总长度 430m 的站台中，每 60m 布置一个光眼，在 4 个相互间隔 30m 的站台中共排列了 23 个光眼。站台和站台之间通过光眼的交叉排列，能够获得均匀的光线，同时旅客可以感受到外部的天气变化。

4.16

4.16 斯图加特中央火车站项目日光下的地下车站
建筑师：英恩霍文　图片来源：Ingenhoven architects

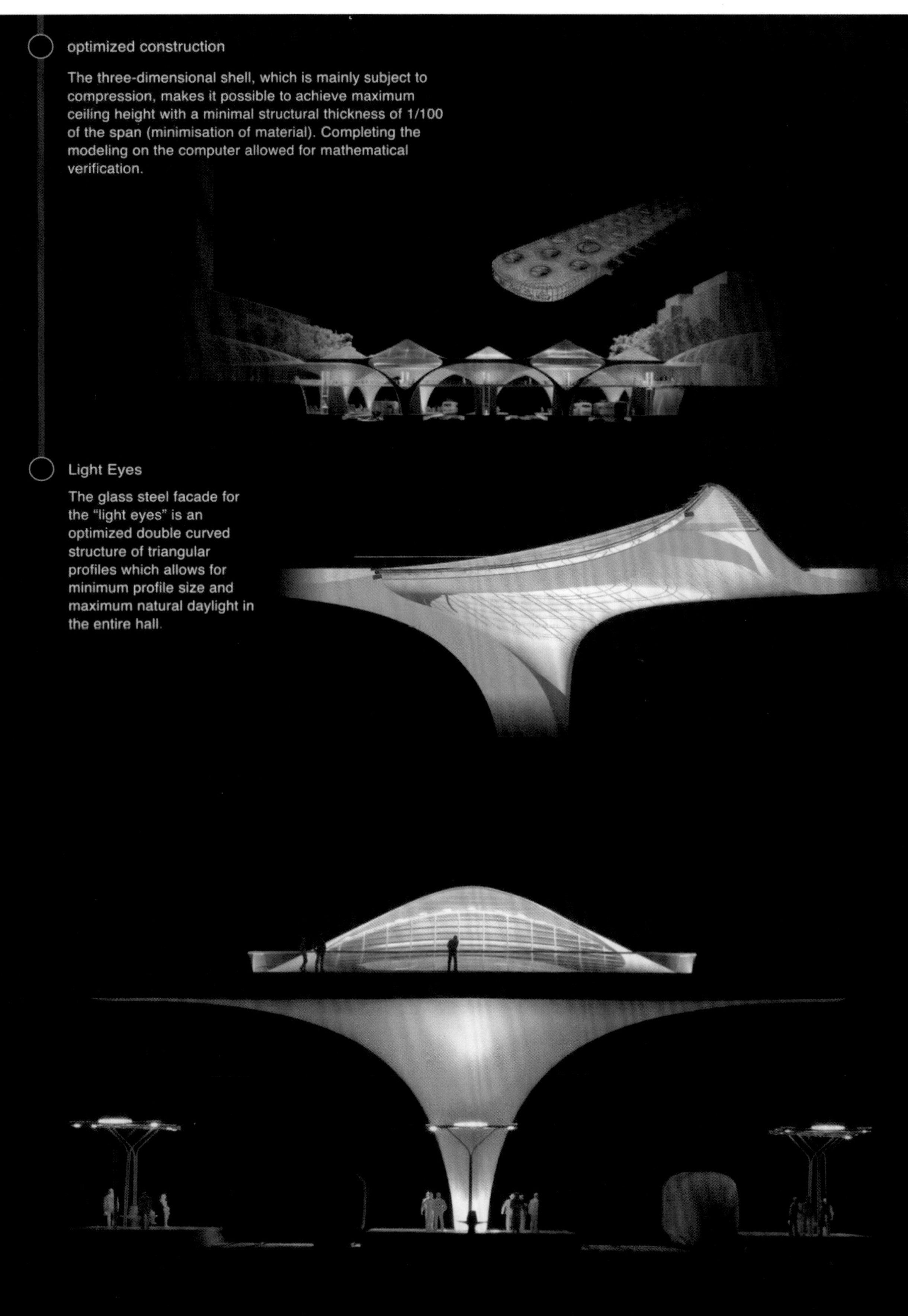

4.17

4.17 斯图加特中央火车站项目光眼工作原理图
建筑师：英恩霍文　图片来源：Ingenhoven architects

4.3.2 悉尼 Bligh1 项目

悉尼 Bligh1 高层办公楼是新一代双层玻璃幕墙项目，该项目通过自然通风影响室内温度。大楼的整体通风系统借助外墙立面和中庭实现，其外墙立面起着遮阳、隔热和通风的作用。中庭成为自然通风空间，它支撑大楼整体的通风系统。

外墙的通风口位于大楼楼层底部和顶部，它与下方和上方的楼板交替连接，形成循环的空气交换效应。双层玻璃之间设置了遮阳帘，以阻挡夏日的阳光，同时保证了视线不受阻碍。大楼的幕墙系统可以在春秋两季利用自然通风调节室内的温度，夏季内置的遮阳装置可以使大楼减少 15% 的空调能量。大楼中庭的设计基于现代办公的透明特性和通风而设置。除了外墙立面的通风功效外，大楼中庭支持整体的自然通风系统。空气流通过底层大厅进入中庭空间，在中庭形成了一个天然的冷却池。中庭与办公空间之间的玻璃隔断设置了可以通风的百叶窗，可通过操作百叶窗控制来自中庭的空气流动。

悉尼 Bligh1 办公楼位于悉尼金融区，这一椭圆形的建筑物很好地呼应了悉尼城市的天际线。Bligh1 办公楼是悉尼第一个真实的“绿色”高层建筑，建筑高度为 139m，共 28 层，总建筑面积 45000m^2，Bligh1 办公楼的建筑设计遵循可持续发展理念，考虑了面积的高效利用及同城市纹理的融合等各项重要因素。椭圆形的形体使观看视线朝向著名的海湾大桥，在此办公的工作人员视野开阔，可观看海湾的景观。

该建筑设计包含了诸多功能，它在有限的面积内确保最小的太阳能热能功效，以及城市规划中对特殊的用地状况采取最佳解决方案。基地位于两个城市网格线中并形成角度，因此椭圆形平面成为最佳的选择并解决了城市规划的问题。首层大堂入口设计了宽阔的台阶，台阶构成了活动与交流的新枢纽，它使 Bligh1 办公楼成为天然的焦点。宽大的台阶为人们提供了短暂休息的可能，夏日台阶处在阴影中。冬天设计了热能功效，在不同的季节中人们在台阶上休憩，可感受舒适的温度。

首层设计了咖啡厅、幼儿园和自行车停车等设施。咖啡厅为商务活动提供便利，幼儿园为大楼工作者的幼儿提供照管的服务。自大台阶进入大厅后是中庭空间，中庭空间的高度是自首层大厅直到屋顶。中庭内层由玻璃幕墙封闭，玻璃幕墙内设通风设施，它支持大楼内的自然通风系统。中庭内设计了 8 组观光电梯，人们在乘坐电梯时不仅可以感受到中庭的奇幻空间，同时还可以看到每层办公的场景。28 层设计了屋顶花园，屋顶花园被玻璃幕墙封闭以阻挡高空的风压，人们可以在屋顶花园欣赏悉尼全景。

Bligh1 办公楼的绿色策略由完整的系统构成，其中主要的节能策略通过外层双层玻璃幕墙和内部中庭完成，而中庭空间成为大楼可持续设计的重要因素。大楼在城市规划方面设计了便捷路径，行人可穿过中庭或绕行大楼到达目的地。大台阶的设计扩大了广场公共空间的面积，该形式是对城市网格相遇地点的最好呼应。南侧的中庭空间为整个建筑提供一个天然冷却池，中庭内玻璃百叶窗控制着空气在中庭内自由流动。新鲜的空气通过底层大堂和南侧立面进入中庭空间，然后经过屋顶排出，形成循环。

大楼的材料使用秉承了可持续发展的原则，该建筑

4.18

4.19

4.20

4.18 悉尼 Bligh1 项目鸟瞰图　建筑师：英恩霍文 竣工时间：2010 年　图片来源：Ingenhoven architects Projekt Archiv
4.19/4.20 悉尼 Bligh1 项目自然光和通风

4.21 悉尼 Bligh1 项目屋顶花园
4.22 悉尼 Bligh1 项目中庭
4.23 悉尼 Bligh1 项目双层外墙节点
4.24 悉尼 Bligh1 项目双层外墙
4.25 悉尼 Bligh1 项目能源系统图　建筑师：英恩霍文 竣工时间：2010 年　图片来源：Ingenhoven architects Projekt Archiv

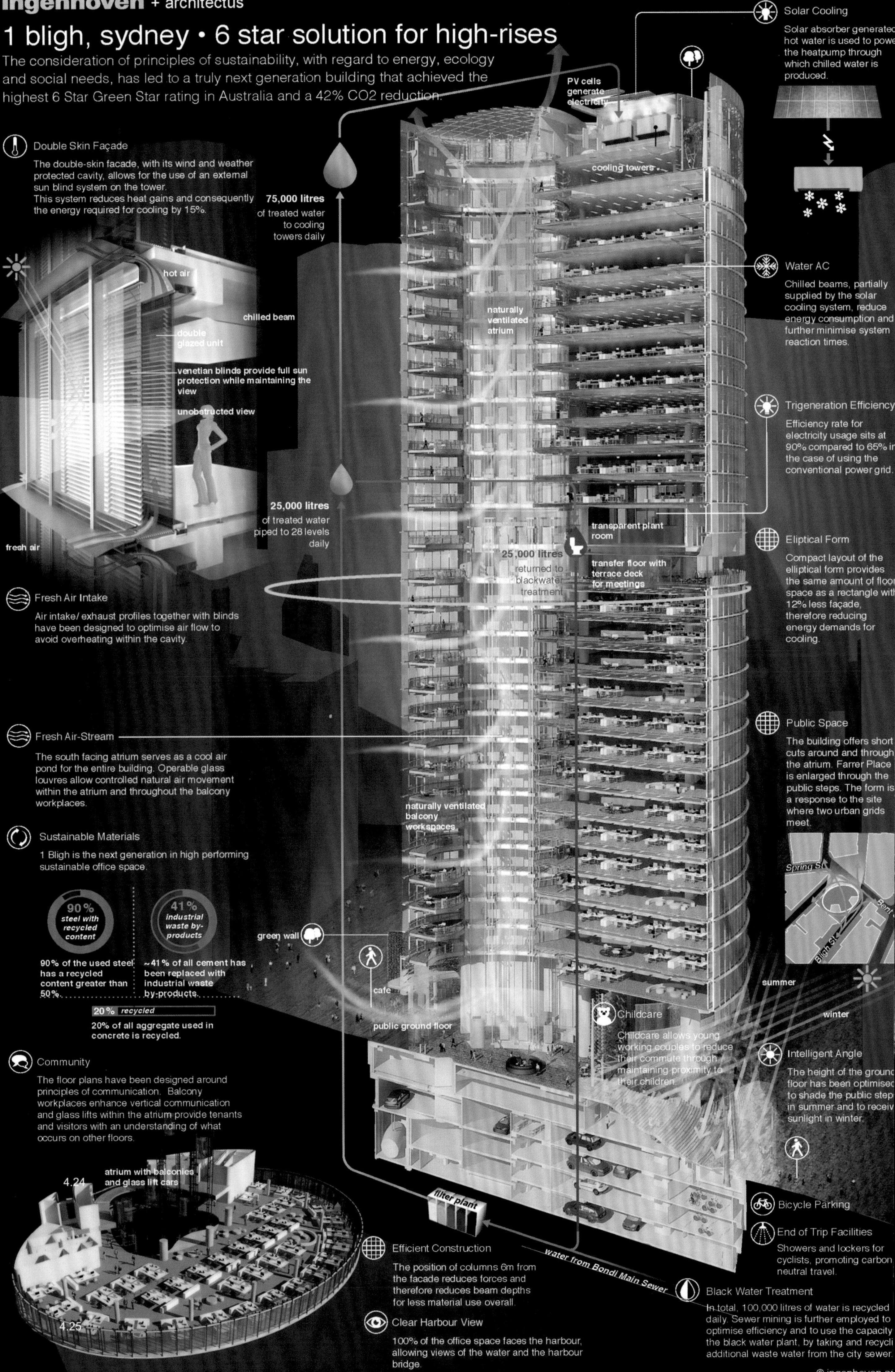

ingenhoven + architectus
1 bligh, sydney • 6 star solution for high-rises
The consideration of principles of sustainability, with regard to energy, ecology and social needs, has led to a truly next generation building that achieved the highest 6 Star Green Star rating in Australia and a 42% CO2 reduction.
Double Skin Façade
The double-skin facade, with its wind and weather protected cavity, allows for the use of an external sun blind system on the tower.
This system reduces heat gains and consequently the energy required for cooling by 15%.
hot air
chilled beam
double glazed unit
venetian blinds provide full sun protection while maintaining the view
unobstructed view
fresh air
75,000 litres of treated water to cooling towers daily
25,000 litres of treated water piped to 28 levels daily
25,000 litres returned to blackwater treatment
PV cells generate electricity
cooling towers
naturally ventilated atrium
transparent plant room
transfer floor with terrace deck for meetings
naturally ventilated balcony workspaces
green wall
cafe
public ground floor
filter plant
water from Bondi Main Sewer
Fresh Air Intake
Air intake/ exhaust profiles together with blinds have been designed to optimise air flow to avoid overheating within the cavity.
Fresh Air-Stream
The south facing atrium serves as a cool air pond for the entire building. Operable glass louvres allow controlled natural air movement within the atrium and throughout the balcony workplaces.
Sustainable Materials
1 Bligh is the next generation in high performing sustainable office space.
90% steel with recycled content
41% industrial waste by-products
90% of the used steel has a recycled content greater than 50%.
~41% of all cement has been replaced with industrial waste by-products.
20% recycled
20% of all aggregate used in concrete is recycled.
Community
The floor plans have been designed around principles of communication. Balcony workplaces enhance vertical communication and glass lifts within the atrium provide tenants and visitors with an understanding of what occurs on other floors.
atrium with balconies and glass lift cars
4.24
4.25
Solar Cooling
Solar absorber generated hot water is used to power the heatpump through which chilled water is produced.
Water AC
Chilled beams, partially supplied by the solar cooling system, reduce energy consumption and further minimise system reaction times.
Trigeneration Efficiency
Efficiency rate for electricity usage sits at 90% compared to 65% in the case of using the conventional power grid.
Eliptical Form
Compact layout of the elliptical form provides the same amount of floor space as a rectangle with 12% less façade, therefore reducing energy demands for cooling.
Public Space
The building offers short cuts around and through the atrium. Farrer Place is enlarged through the public steps. The form is a response to the site where two urban grids meet.
Spring St
Bligh St
summer
winter
Childcare
Childcare allows young working couples to reduce their commute through maintaining proximity to their children.
Intelligent Angle
The height of the ground floor has been optimised to shade the public steps in summer and to receive sunlight in winter.
Bicycle Parking
End of Trip Facilities
Showers and lockers for cyclists, promoting carbon neutral travel.
Efficient Construction
The position of columns 6m from the facade reduces forces and therefore reduces beam depths for less material use overall.
Clear Harbour View
100% of the office space faces the harbour, allowing views of the water and the harbour bridge.
Black Water Treatment
In total, 100,000 litres of water is recycled daily. Sewer mining is further employed to optimise efficiency and to use the capacity the black water plant, by taking and recycli additional waste water from the city sewer.
© ingenhoven ar

90% 的钢材是回收材料，41% 的水泥已被工业废料产品取代，20% 的基础材料可回收利用。椭圆形的紧凑布局提供了同矩形相同的空间面积，而外立面节省了 12% 的面积，从而降低了大楼整体能量的需求。

平面设计遵循用于商务交流并高效使用的原则设计，工作阳台增强了大楼竖向的联系，透明的观光电梯提供给工作人员和访客知晓其他楼层状态的可能，人们可以清晰辨别方向和判断自己的位置。大楼北侧设计了办公空间，面朝海湾同时面朝阳光（南半球朝阳面是北面），这样在办公空间完全可以观赏到海景及海港大桥。

大楼的冷暖供给设计了天然气供给的“三联效率”：能量一热能一冷能系统。这一系统支持着大楼的冷气、暖气和电力，相比传统的电力“三联效率”系统呈双倍的功效。大楼在有限的屋顶面积中安装了太阳能设施，太阳能热水用来为制冷热泵提供动力，该动力为冷却链提供能源并可降低整体大楼能耗，同时减少系统的反应时间。它可以在高温的状态下辅助大楼制冷。

大楼平面柱网与外墙的距离为 6m，该布局可以减轻梁的厚度，从而减少整体材料的使用。污水净化系统用于大楼内部污水的处理和净化，为了满足污水净化系统最大负荷，每天有部分来自悉尼的污水在此净化，至此 Bligh1 办公楼每日将节省 100000L 干净水。

Bligh1 办公楼是超高层健康建筑，它的建造策略如下。

（1）中庭的设计提供给使用者明亮的空间体验，使使用者在乘坐电梯的同时，知晓自己的位置，增加个人安全感。

（2）办公空间内设计了多种形式的绿植，使用者可直接感受自然。

（3）首层设计了多级大台阶，提供具备罗马西班牙广场的空间效应，方便使用者午餐时休息。

（4）负一层设计了自行车停车、洗车及工作人员洗漱设施，鼓励健康和无碳出行。

（5）28 层设计了屋顶花园，屋顶花园提供了良好的视野。

4.26

4.27

4.26 悉尼 Bligh1 项目室内场景

4.27 悉尼 Bligh1 项目中庭

建筑师：英恩霍文 竣工时间：2010 年 图片来源：Ingenhoven architects Projekt Archiv

第 5 章　健康建筑的设计

健康建筑的塑造不仅包含建筑的设计，而且包含城市空间、建筑和室内空间的系统性工程。面对新的空间需求，建筑师重新思考城市空间的尺度、内部容积及个人办公的面积。空间距离是健康的基本保证，同时也是遏制疾病传播的重要举措。

传统的城市空间尺度本质上不存在错误，是依据当时的人口规模和交通需要而设计的。但是，由于世界性城市化进程推进，城市人口剧增，现有的空间与设施已无法满足现代城市的功能需求和健康需要。城市需要逐步更新，而新建的城市则需要将健康的概念融入其中，从生态、能源和健康的角度规划未来型的城市。

大多工业国家的人们平均 90% 的时间是在建筑物内度过的。由于人们大部分时间在办公室、家庭环境和公共空间度过，建筑师需要在这些空间中推广健康的空间尺度、空气质量和照明系统，同时，需要将室外的绿色环境植入室内空间。通过塑造室内适度的空间，促进健康空气的流通，保证人与人之间的健康距离。室内植物与景观的引入，可以提高人们的工作效率和幸福感。

5.1　健康中庭

中庭(Atrium)的概念最早出现在古罗马建筑艺术中，是指楼宇中的中央空间，而其大多是住宅内的中央空间。随着罗马帝国疆域的扩大，中庭的设计也随之向世界传播。中庭的定义是房屋中方形的内部空间，通过入口进入，成为家庭的起居空间。中庭的光线是通过屋顶的开窗获得的。

Atrium 可能源于拉丁语 Ater，是指空间里最早被炉灶熏黑的屋顶，这一空间的功能为餐厅、工作区和起居室。现代中庭的概念是多种形式的中心庭院在新建筑的演绎，在公共建筑中，中庭常常由玻璃立面和玻璃屋顶封闭，阳光直接进入中庭空间，让人们在室内拥有室外环境的共享空间，人们可以在室内感受任何季节的绿色环境。

美国建筑师约翰•波特曼（John Portman）是现代建筑史中中庭设计的开创者，他在早期作品中开创性发展了中庭的共享意义。洛杉矶的威斯汀酒店（Westin Bonaventure Hotel）及底特律的文艺复兴中心（Renaissance Center）是波特曼早期中庭建筑的代表。由于星级酒店特殊的功能需求，波特曼设计的中庭将室外的绿植引入室内，同时通过玻璃幕墙及玻璃屋顶使阳光直接进入中庭。这一被定义为“中庭”的空间，其重要意义在于它的共享性，它提供给人们交流的可能，在这一受到气候保护的空间内，顾客可以在任何季节感受到永恒的绿色。

英国建筑师诺曼•福斯特（Norman Foster）的建筑特别重视中庭的塑造，他不仅仅定义了现代中庭的生态意义，还发展了中庭的可持续功效。他的中庭设计可以归纳为四个历程。① 20 世纪 80 年代设计的香港汇丰银行，其中庭设计完成了一个重要的社会责任，使人们在这一空间停留和交流。② 20 世纪 90 年代法兰克福商业银行的中庭设计赋予生态的意义，其中多个“冬季花园”将日光和自然的空气引入中庭，使位于内侧的办公室获得新鲜的空气。③ 2000 年完成的伦敦市政大楼进一步加强了其中庭的技术功能，这一称为“旋转上升”的中庭平衡着室内的温度。新鲜的空气通过位于地面的通风口到达中庭并进入室内，形成自然通风，降低了能耗，

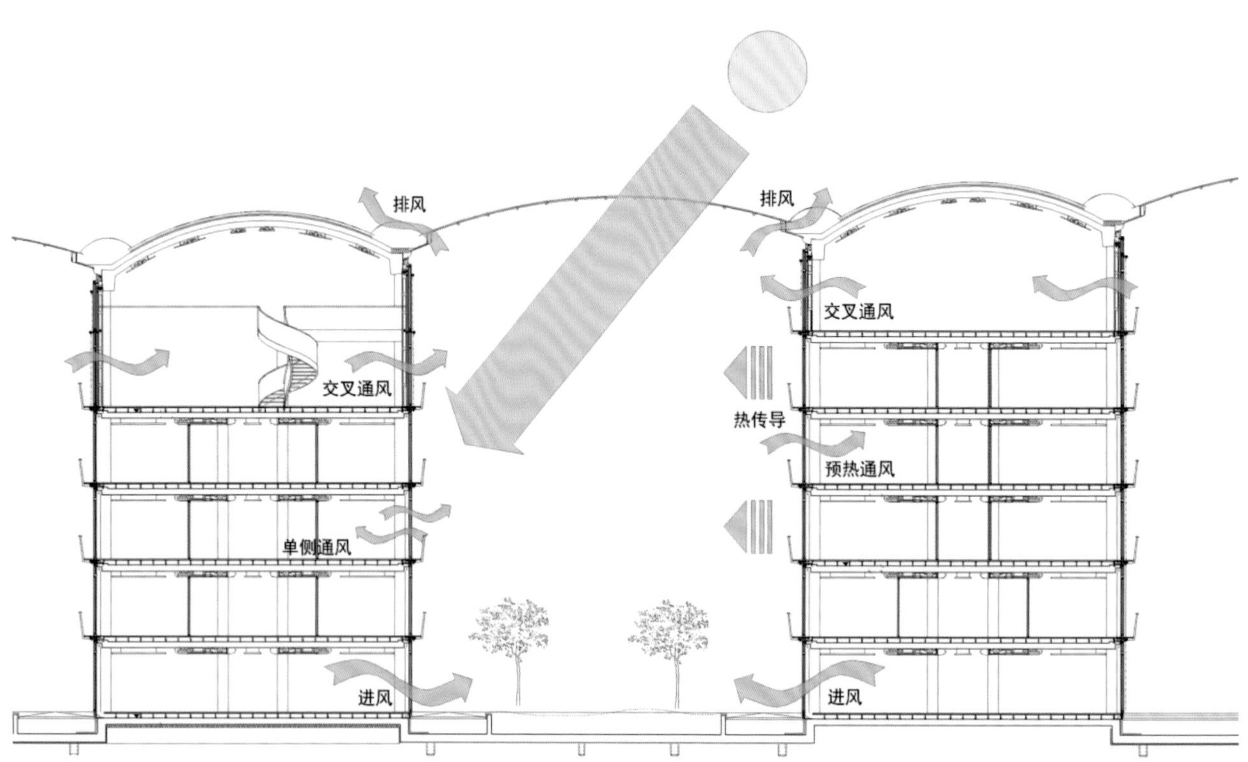

5.1

5.1 中庭中风的运行图

也降低了 CO_2 的排放。④ 2020 年完成的韩国韩泰科技大厦的中庭设计既完成生态设计任务，也通过绿色植物的植入和实施积极办公模式，促进了健康办公的发展。

传统的中庭，其概念是一个围合的空间，常常是玻璃屋顶或玻璃墙面，空间里有绿化和景观，光线充足，空调系统支持整体中庭的温度，新风系统使中庭空气保持新鲜。人们在这一舒适的空间里停留而不受室外天气的影响，它提供了一个社会的公共场所，使人们在这里交流。它的代价是消耗大量的能源，而且排放大量的 CO_2。新中庭的概念除了具备传统的中庭的功能，还具有能源节约，帮助大楼通风、采光的功能。它通过烟囱效应进行自然通风、自然采热和自然采光来均衡温度。新中庭设计通过亲生物的设计，包括绿色植物、水景和不同风格的花园的植入，以及动态的办公空间的设计，推动办公空间的健康发展，利于提升幸福感和办公效率。

5.2 中庭技术

波特曼时代中庭设计的目的不是能源节约，而是提供附带植物的、健康和舒适的、明亮的共享空间。如果与没有中庭的类似建筑相比，带中庭的建筑可能会增加能耗。这是因为中庭机械通风和冷却的需求导致能耗的增加，而在热带地区则需要更多的能耗支持空调的运作。中庭作为大型建筑公共空间常见的组成，为了确保中庭不会使建筑长期处于高耗能的状态，福斯特通过一系列中庭的设计，提出了生态中庭的设计理念，为中庭的能耗提供了新的模型。

开放的空间可以为建筑提供日光、自然通风，以及被动的太阳能增益。这些功能将成为能源节约和健康的重要保证。为了确保中庭空间不会增加建筑的能耗，并保持开放式场地的原有优势，必须遵守以下几点要求。

（1）必须通过使用透明玻璃，最大限度提高中庭空间的采光水平。中庭空间应为周围空间提供采光，并避免白天使用人工照明。

（2）中庭需要提供新鲜空气，使周围房间获得自然通风。

（3）夏季必须提供遮阳和高效率通风，以防止中庭过热及周围空间的过热。

中庭的自然光线

自然光线在中庭的使用取决于建筑所在的地理位置和气候条件。温带地区，太阳辐射弱，光线也弱。这种情况下使用透明的无色玻璃并配备遮阳设施，无论冬季还是夏季均会得到平衡的能源并节约能源。

在热带地区，太阳辐射强，光线的亮度也强。为了防止夏天过热，大多玻璃幕墙使用防辐射玻璃。防辐射玻璃会折射来自太阳的光，但冬季会导致采光和采热水平的降低。为了克服这一矛盾，太阳能增益控制必须是可改变的，多种方式的遮阳，以及中等偏下的防辐射玻璃，使夏天的增热受到控制，冬天的增温得到改善。

中庭温度

温度控制是中庭设计的关键，因为温度影响了中庭的能源消耗。不同形式的中庭温度变化也不同，以下因素是中庭温度升高的主要原因。

（1）中庭外部玻璃面积与主建筑墙体面积之比。

（2）中庭与主体建筑之间隔热的热传递率通常取决于建筑中玻璃面积的大小。

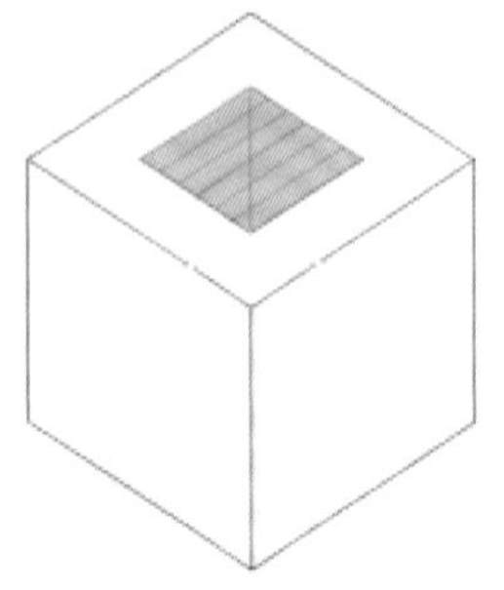

a. 集中式

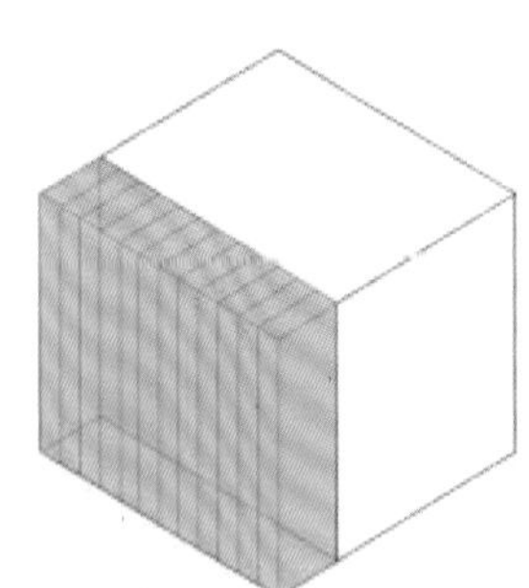

b. 附着式

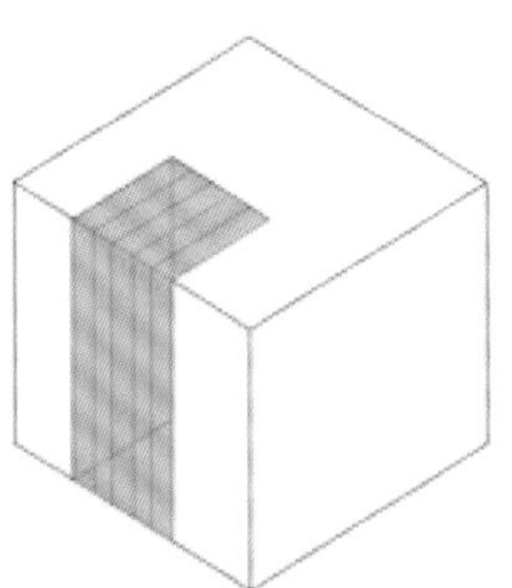

c. 半封闭式

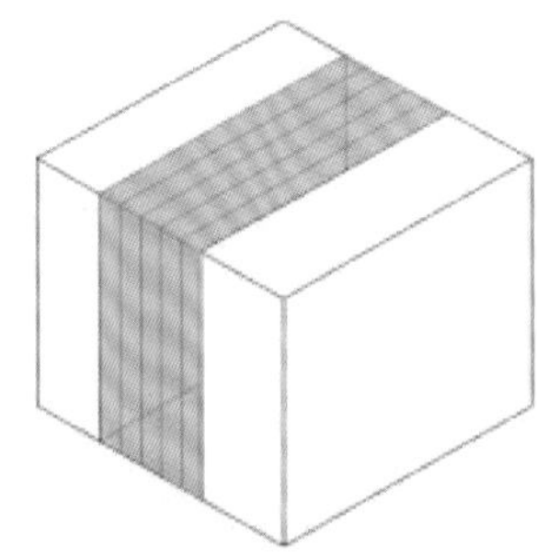

d. 线型式

5.2

5.2 中庭形式

（3）中庭或玻璃屋顶和墙面的热透射率。

（4）中庭或玻璃屋顶和玻璃墙面的方向、倾斜度和太阳辐射透视率。

中庭的形式大致可以分为四种类型，即集中式、半封闭式、附着式和线型式。各种形式实质上具有不同的热功能。由于集中式和线型式中庭的位置位于建筑的中央部位，或被建筑空间三面环绕，形成双倍的围护结构，将提供稳定的温度，有效降低了温度的波动。同时，可以获得热舒适性和日光的双重收益。中庭的增温基于这样一个过程：相邻建筑的热损失可以通过建筑物之间的顶部玻璃减少。冬天，太阳热量被储存在建筑物的外墙和地面上，当地面温度降低时，例如晚上，将逐渐散失在有盖的地面上[87]。这意味着，中庭的立面和地面是储存热能的主要物质。

中庭与相邻主体建筑会发生传热。中庭玻璃面积越大，中庭的温度也就越高，相邻建筑的温度也随之升高。这种现象的产生是由于冬季较冷的中庭和较暖的建筑之间的温差，以及夏季较暖的中庭和较冷的建筑之间的温差引起热量和质量的传递。当热量通过窗格玻璃时，过大的面积将捕获热量，因为玻璃可透过太阳短波辐射，而不透过长波辐射[88]。夏季，中庭的温度会因此而升高。而冬季，室外温度低于室内温度，致使室内温度变低。

英国学者 Nick Back 和 Koen Steemers 基于伦敦的气候特征提供一项公式用于在没有太阳增益的情况下估算未加热的中庭平均温度：

日间平均值 $T_{day}=(1.7T_{max}+0.3T_{min})/2$

夜间平均值 $T_{night}=(0.3T_{max}+1.7T_{min})/2$

其中 T_{max} 和 T_{min} 分别是日平均最高温和最低温[89]。

在建筑设计的前期，在没有设备工程师介入时，建筑师可以通过该公式估算一个平均值，为中庭的设计提供能源消耗框架。

遮阳

遮阳是减少太阳辐射的重要措施。根据 Nick Back 和 Koen Steemers 的研究成果，遮阳最高可以将人体温度体验降低 8℃，同时还可以减少眩光对视觉的影响。

遮阳的措施基于中庭的形式而确定。通常，位于温带地区的集中式中庭的屋顶玻璃面一般不设置遮阳设备，因为屋顶接受的太阳直射的概率低，从而导致地面温度增温的概率同样很低。而位于热带地区的屋顶玻璃则必须考虑遮阳措施，同时，使用必要的防辐射玻璃以减弱太阳的辐射。根据对英恩霍文项目中的中庭研究，零能耗中庭一般不设置遮阳设施。这是因为零能耗中庭的温度高于与其相邻的空间温度，其舒适度的需求也就不同，偏高或偏低更接近自然的温度。

通风

自然通风可以为不同形式的中庭提高换气率，同时可以诱导周围空间的交叉通风。当室外温度低于中庭温度时，自然的通风设施将排除热量。中庭的自然通风原理同普通建筑相同，由风压和热浮力驱动。在无风的情况下将通过热浮力驱动通风。浮力驱动可分为两种，即由其开口确定的混合通风和置换通风。

混合通风是一种传统通风模式，热空气离开中庭，降低压力，同时允许冷空气通过同一开口进入。高密度的冷空气进入中庭后，同热空气混合，从而降低整体的温度。开口越大，通风量就会越大，并接近室外温度。另一种通风模式为置换通风。置换通风通过底部的入风

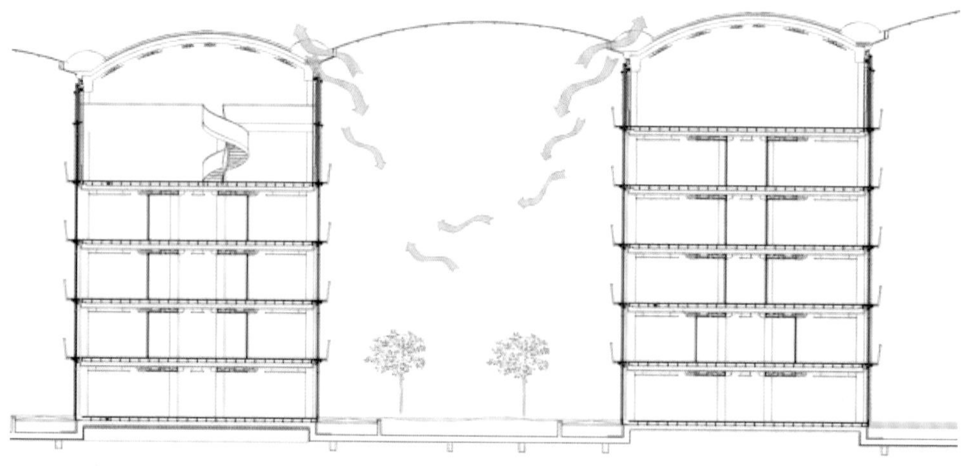
5.3

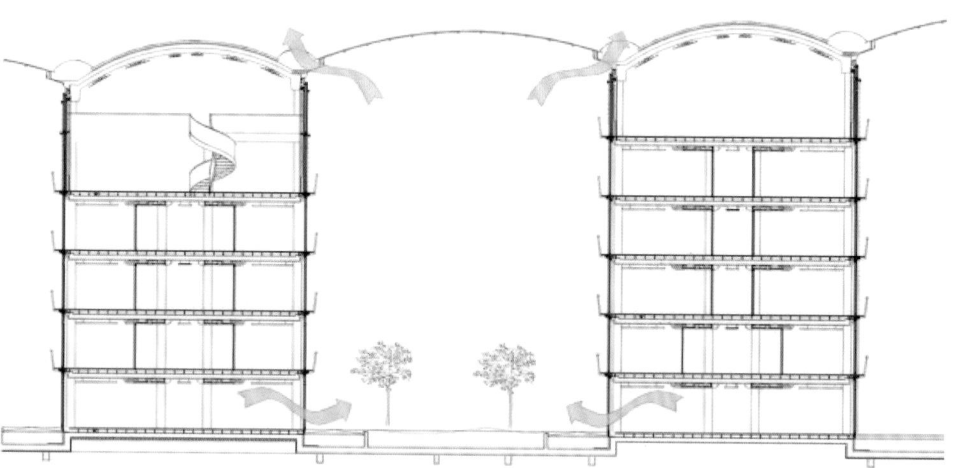
5.4

5.3 混合通风
5.4 置换通风

口和顶部的出风口形成循环。假设由来自太阳斑或其他来源的稳定热量输入，则会在上部暖空气之间存在静止边界的地方，并达到温度的平衡。如果减少开口的数量和尺度，则会减少此边界的界限并增加上部区域的温度，但下部温度会保持或接近周围环境温度。

置换通风通过烟囱效应形成良好的通风效果，成为现代生态中庭的主要通风模式。汉莎航空中心项目的中庭平面是基于线性模式发展的一种办公与中庭相间的模式，设计应用了置换通风的概念，形成了一个零能源中庭。进风口位于建筑立面二层，其开口面积相当于立面面积的 1/5。但开口向外斜开，因此，开口面积为整体立面的 1/10。出风口设置在中庭顶部两侧，位于中庭与建筑的交接处，并起到排烟的功能。该项目通过置换通风系统的设计使中庭平均温度保持在 25℃ ~26℃，而由于中庭的良好通风系统使办公空间平均温度保持在 22℃ ~26℃。此外，风塔的设计为地下室提供了自然通风。

中庭建筑有利于节约能源，有益健康，其形成的阳光、空气条件和热舒适度是健康生活的前提。

5.3 健康办公

在一场全球人才的争夺战中，各种国际的顶尖企业试图找到吸引、留住优秀员工和提高员工绩效的新方法。但他们中很少人意识到建筑对企业员工健康发展及工作效率起着至关重要的作用。只有少数顶尖企业认识到，健康的建筑与环境同企业的发展、效益和人才密切相关。健康的建筑环境可以提高生产效率、促进创新、降低因工作而产生的各类疾病，同时，提高员工幸福感受。

员工的幸福感意味着，员工对企业文化的认同、对个人绩效和企业效率的无条件支持。它是一种长期的状态，一种让员工工作高效、投入、平衡和健康的情绪。有研究表明，整体物理环境的许多特征直接影响健康和福祉[90]。在企业管理层面，物理环境影响企业的发展效益。

（1）吸引和留住优秀员工。

（2）减少缺勤的成本。

（3）较少压力的影响。

（4）提高员工敬业度。

（5）通过创造一个社会参与、支持的环境来提供士气[91]。

员工的疾病和离职会对企业发展产生很多负面影响，同时会给企业带来高昂的成本。慢性病和压力相关的疾病会随时间增加，将导致工作效率的递减。世界卫生组织曾预测，精神疾病和心血管疾病将成为工作人员的两种主要疾病[92]。这主要是因为工作的压力和不健康的工作环境导致。此外，与吸烟相比，由于工作的竞争性和强度，导致员工缺乏锻炼，特别是久坐会导致更多员工患上糖尿病、心脏病和其他疾病。

疾病和压力反过来通过缺勤来影响企业的效率，而员工长期缺勤，将导致公司聘用更多员工，这样同样的工作公司必须给予更多的付出。以美国为例，私营公司的员工的年平均缺勤率为 3%，而公共事业部门为 4%[93]。与健康的工作人员相比，美国患有慢性疾病的全职员工每年估计要错失 4.5 亿元，导致每年的生产力损失超过 1350 亿美元[94]。压力导致成本增加了 3000 亿美元，而慢性疾病带来的成本超过 1 万亿美元，在“不健康建

5.5

5.6

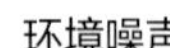

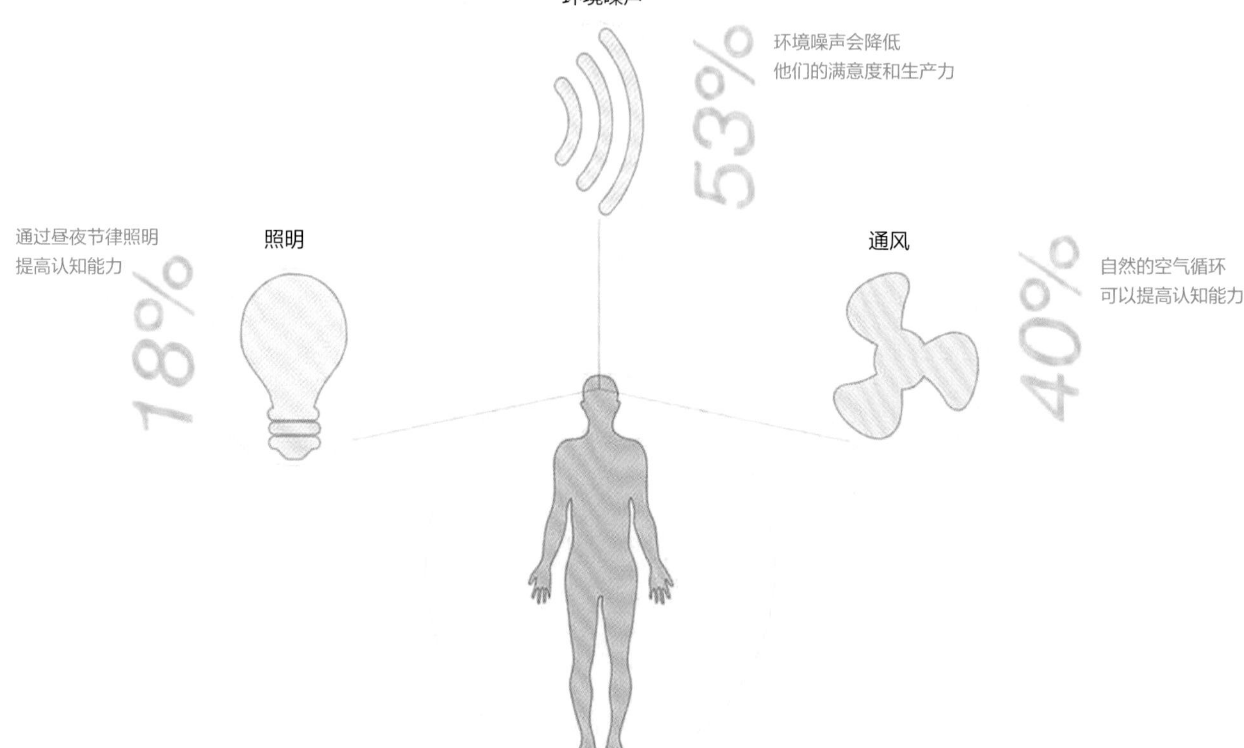

5.7

5.5 德国 HDI 保险总部办公大楼中庭

5.6 德国 HDI 保险总部办公大楼项目中宽大的中庭提供更好的工作条件

建筑师：英恩霍文 竣工时间：2012 年　图片来源：Ingenhoven architects Projekt Archiv

5.7 环境影响图示

图片来源：Sustainability, Health and Architecture in the Home and Office:Air,Light and Sound

筑”工作又增加了600亿美元的成本[95]。此外，盖洛普(Gallup)[1]的研究表明，到目前为止，最大的生产力损失发生在员工离职时。另一项研究发现，快乐的员工离开公司的可能性比不快乐的员工低87%[96]。

从企业效益维度分析，投资健康不仅仅可以提高企业的人才竞争力，还可以获得投资的回报和经济成本的减少。根据《哈佛商业评论》(*Harvard Business Review*)的案例研究，强生(Johnson & Johnson)公司领导人估计，他们的健康计划在过去十年中累计为公司节省了2.5亿美元的医疗费用[97]。

进入21世纪的第二个十年，00后在市场劳动力的份额占比越来越大。由于世界性的经济发展和富裕程度的提高，越来越多的优秀人才具备更多的选择性，他们可能会积极选择为那些对健康与幸福承诺的企业和组织工作。如果没有人才，企业将失去竞争力。因此，谷歌公司和苹果公司率先实施了其健康与幸福的新总部的建筑计划，以其健康的新建筑和一系列系统，引领其在业界的领导力。

哈佛大学学者Joseph G. Allen和John D.Macomber在其新书《健康建筑：室内空间如何驱动性能和生产力》(*Healthy Building:How Indoor Spaces Performance and Productivity*)中，在建筑层面，提出改善健康建筑的9个基础。该9项基础为健康建筑科学的促进与实践提供基本原则和要求。

(1) 通风。

(2) 空气质量。

(3) 热健康。

(4) 湿度。

(5) 灰尘和害虫。

(6) 安全和安保。

(7) 水质。

(8) 噪声。

(9) 照明和景观。

这些原则和要求是Joseph G. Allen和John D.Macomber从哈佛健康建筑实验室40年的科学实验中提炼出来的。这些方面的改进将成为一项长期的预防措施。其中，通风、热健康、湿度在本书亲生物建筑和生物气候建筑相关章节有深入的讨论，而空气质量、灰尘和害虫、安全和安保、水质、噪声、照明和景观的课题同办公建筑密切相关，需要接下来进一步讨论。

通风

办公空间的健康目标是基于自然通风、采光和健康距离而建立的。它们是维系健康的主要因素。自然通风有助于将室内的空气污染物控制在最低限度，同时有助于滞留新鲜的空气。在缺乏自然通风的建筑物中，需要机械系统来支持空气循环。为了配合自然通风的功效，机械系统需要为每人每小时提供30m^3的新鲜空气。哈佛健康与全球环境中心(Harvard Center for Health and the Global Environment)2017年的一项研究显示，办公室内高于平均水平的室外空气流通，可以提高认知能力的40%，而不仅仅是减少空气污染物的数量。新鲜的空气可以提高思维的敏捷度，提高工作效率，保持良好的状态[98]。

空气质量

空气质量是影响健康最为重要的因素，同时也会导致工作效率的降低。哈佛大学的一项针对年轻人的研究

[1] 盖洛普(Gallup)：盖洛普公司由美国著名的社会学家乔治•盖洛普(George Horace Gallup)博士于1930年成立，是全球知名的民意检测和商业调查/咨询公司．盖洛普公司用科学方法测量、调研和分析，并据此为客户提供营销和管理咨询，从而帮助客户取得商业和学术成果。

发现，每偏差离最佳室内温度 1°F，产量就会下降 2%。在另外一项研究中，研究人员发现，每当室外空气进入办公室的速率增加一倍时，员工在四项模拟任务（文本打字、计算、校对和创造性思维）办公室中的表现就会提高 1.7%。因此，对 40 栋建筑中 3000 多名员工的病假数据进行分析后发现，57% 的病假是通风不良所致[99]。

哈佛大学针对员工工作的一项研究发现，当他们在有污染源的办公室工作时，他们报告头疼的概率更高，打字测试的速度慢了 6.5%[100]。这意味着，传统的办公室均存在污染源的问题，而地毯和不良的卫生状况可能是污染的起因。因此，在福斯特和英恩霍文的新的办公设计中，使用木质的或竹质的地板来代替地毯。

灰尘和害虫

建筑本身的材料（例如，石棉、低 VOC 水平）、室内设计（例如，吸声表面、自然采光）和 HVAC 系统（例如，空气质量）是建筑物理元素影响健康的几种因素。

(1) 尽量减少空气、水和食物中的污染物。

(2) 将国际标准（例如，LEED、BREEM、中国绿色建筑标准）作为指南。

(3) 设立空气和水质的过滤和检测系统。

(4) 使用经绿色建筑材料认证的绿色建筑材料。

噪声

2015 年，牛津经济学院 (Oxford Economics) 对 1200 名工作人员进行了调查，其中 53% 的人员表示，环境噪声会降低他们的工作满意度和工作效率[101]。减少噪声对心理影响的一种方法是使用与噪声矛盾的声波“掩盖”噪声，这类似于降噪耳机的工作原理。

研究发现，与交通和周围建筑噪声（空调、通风设备）相比，来自大自然的声音，如鸟鸣声或涟漪声，能促使人们更快地从压力任务中恢复过来。另外一项研究表明，利用自然环境中悦耳的声音可以掩盖工作场所的背景噪声，以便减轻员工的压力，提高员工的工作效率。但是，大多办公建筑位于城市中心，而城市中心的自然环境则不如周边乡村。因此，必须通过设计来模拟自然环境中的声音。

研究表明，噪声的干扰可以通过设计来解决。以下四个以人为本的声学原则可用于设计具有不同声学效果的各种空间[102]。

(1) 消除噪声干扰——提供非正式的协作空间和相对安静的空间。轻松区分这些类型的空间（例如，小型会议空间、咖啡厅空间），并使这些空间处于自由和轻松的环境中。

(2) 避免噪声干扰——避免在人们需要集中注意力的区域中创建产生噪声的功能空间，例如，打印区域。此外，有意识地将嘈杂的团队（指协同合作频繁的团队）和安静的团队分开布置。

(3) 较少噪声干扰——管理密度和声学。较低密度的区域将产生较少的噪声，通过室内绿色植物减少噪声。

(4) 引导员工——制定减少噪声的工作程序，例如，工作讨论应尽可能在会谈室进行。

照明和景观

照明的一个基本作用是让人们以安全舒适的方式观看和执行任务，在不引起疲劳、头疼或眼睛疲劳的情况下工作或阅读。光线影响人们感知空间。根据活动需要，照明可用于创造更明亮、更开放、更亲密、更舒适的空间。光对身心健康也有强大的影响。光可以影响人的昼夜节律和荷尔蒙活动，最终影响睡眠质量、能量、情绪和生产力。

获得更多的自然光不再是能源节约的问题，而是健康问题。人类需要相应的自然光线，以维持生命对维他命的需求。然而，不是每个工作空间都能获得自然的光线，在多数大空间办公室中，人工照明是不可避免的。这种情况需要模拟自然光的人工光。模拟的人工光同样也可以起到自然光的部分功能，减轻人工照明潜在的负面影响。现今，被称为“昼夜节律照明”的系统被欧美建筑接受。它早上可以发出温暖的琥珀色光，白天转换为明亮的蓝色光，晚上以暗淡的琥珀色光结束。该照明方法重置人体的自然生物钟，使人们能够在工作后获得更好的睡眠，从而在白天更有效率地工作。在 2018 年的一项“健康办公室”的研究中，CBRE 安装了昼夜节律设备后，71% 的参与者报告感觉有活力，而参与者注意到自己的认知能力提高了 18%[103]。此外，坐在窗户旁边的工作人员需要了解：眩光会导致眼睛酸痛和认知能力下降，因此，需要工作场所具有灵活的遮盖物——眩光帘。

此外，空间的设计和坐姿是健康建筑的重要因素，虽然哈佛学者 Joseph G. Allen 和 John D.Macomber 并未将其归纳到 9 项基本健康基础中，但它将直接影响着员工的健康状况。

办公室的行为空间影响着员工的健康状况，员工需要合适的个人空间，同时需要行动空间来支持工作。办公人员保持活跃的关键是不要久坐不动，需要在工作的同时进行短暂的休息和活动。即使很小的、有规律的活动也能显著提高生产效率。Koen Steemers 于 2015 发表的论文《幸福与健康的建筑》建议，雇主通过设计吸引流动空间，巧妙地鼓励员工休息。这些流动空间结合了自然光、户外景观和休息机会。2018 年世邦魏理仕“健康办公室”的一项研究显示，在办公室享用新鲜水果、饮料等小食的参与者报告，与没有这些小食提供的公司相比，他们的表现提高了 45%。此外，78% 的参与者说他们感觉更有活力，66% 更快乐，52% 更健康[104]。

人们平均可以坐着工作达 9.5 小时，这甚至比睡觉的时间更多。美国癌症协会 (American Cancer Society) 报告的统计数据表明，每天坐着超过 6 小时而不是 3 小时的人更容易早亡（男性，可能性高出 18%；女性，可能性高于 37%）[105]。在工作日的整个过程中，需要提供促进空间姿势和运动变化的设计和设备，让人们自由选择从一种工作姿势转换到另一种姿势。研究表明，持续的变化比短时间的锻炼效果更好，例如，在一天的开始或结束时去健身房锻炼[106]。

通过设计改变员工坐着办公的状态，以提高健康状况。

（1）提供可以升降的办公设施，容许个人站着办公。

（2）会议室和复印、打印设备距离工位较远，增加步行量。

（3）将咖啡吧设计到远离办公空间的位置，增加步行量。

（4）提供健身空间和设施。

5.4 健康居住

纵观人类有记载的历史，人们一直关心是否有足够的庇护所，以抵御恶劣的天气，并建立一个健康、安全、舒适的生活环境。实现这一目标取决于地区政治与经济

5.8

5.9

5.10

5.11

5.8　美国华尔道夫公寓外景

5.9　美国华尔道夫公寓卧室的全景玻璃

5.10 美国华尔道夫公寓

5.11 美国华尔道夫公寓室内一角

建筑师：Sieger Suaren Architects　竣工时间：2022 年　图片来源：www.siegersuarz.com

的基本状况。发达地区主要关注健康的建筑与环境的优化，而落后地区则努力实现居住的权利。健康的家园是健康生活的基本保证，良好的居住环境、充足的日光照射和足够的通风是营造健康的室内环境的必要条件。很明显，健康与人们居住的环境有关。世界卫生组织提出："更好的住房更好的健康，更差的住房更差的健康。[107]"因此，住房环境是影响健康和幸福的主要因素之一。

住房质量差和不稳定与许多身体疾病有关，包括主要由室内空气差而引起的呼吸系统疾病，儿童因接触神经毒素（如铅）而产生的认知迟滞，以及因结构缺陷而导致的事故和伤害。住房的不稳定会扰乱工作、学习安排，以及父母和孩子的社交网络。对住房状况的稳定性的担忧和对家庭状况的控制不力，可能导致家庭的不和谐和随之而来的精神障碍。儿童和成人经历的住房质量差和不稳定程度各不相同，儿童之间的差异取决于他们的发展阶段，而成人则会长期处在不稳定的情绪中，从而导致更多的心理疾病。住房条件与经济因素有关，弱势群体（有幼儿的家庭、老年人和低收入家庭）最有可能面临住房不安全的问题，并因住房条件差、住房不稳定和住房费用高而带来健康问题。

要实现健康居住，首先要实现健康的住宅。建筑师通过规划健康的环境，以及有意识地引导健康行为的设计，从而形成健康和社会联系的文化，实现健康居住和健康生活的目标。

健康的住宅基于人们的需求建立，而人们的生理、心理及物理的需求是设计的基本条件。根据美国学者 Ehlers 和 Steel 的研究[108]，早在 1938 年美国住房委员会 (Committee on the Hygiene of Housing) 就开始制定健康住房的基本原则，该原则就人类住房相关的基本需求提供了指导。这些基本需求包括生理和心理需求、疾病防护、伤害防护、火灾和电击防护需求，以及有毒和爆炸性气体防护需求。

同建筑密切相关的需求主要是生理和心理需求，以及疾病防护需求。为此，以下主要讨论这三种需求，并同建筑设计相关联。

基本生理需求

健康住宅包含 9 个基本生理需求。

(1) 抵御恶劣天气。

(2) 避免过度损失热环境的热量。

(3) 允许身体在热环境中充分散热。

(4) 具有合理化学纯度的大气。

(5) 充足的日光照射，避免产生的炫光。

(6) 阳光直射。

(7) 充足的人工照明和避免炫光。

(8) 防止过度噪声。

(9) 有足够的空间提供运动和儿童玩耍。

第 1 至 4 项的生理需求反映了对建筑物的基本需求，这些需求在本书第 3 章的"亲生物建筑"和"生物气候建筑"有详细的解读。第 5 至 7 项是世界住宅面临的普遍问题。因为绝大多数住宅建筑窗户偏小而导致平均获得的日光时间很短，从而造成心理和生理上不同程度的疾病。根据 Velux 2017《健康家庭晴雨表》(*Healthy Homes Barometer*) 中的调查结果，六分之一的欧洲人，或者说相当于德国人口 8800 万，居住在不健康的建筑物中，即由于日照不足而引起的潮湿（屋顶漏水或潮湿的地板、墙壁和地基）[109]。由于缺少阳光照射等，建筑物会出现霉菌，环境潮湿，不仅仅会影响建筑物的寿命，还会影响居住者的健康。

研究显示，光和人类生理之间存在着密切关系。根据美国学者 Ziber[110] 的研究，皮肤对阳光的生理反应之一是产生维生素 D。光线还会影响身体节奏和心理健康。充足的照明有利于人们看到不卫生的环境，还能防止受伤，从而有助于创造一个更健康和更安全的环境。因此，充足的阳光照射是健康建筑最为重要的因素，而充足的阳光将通过扩大玻璃面积而实现。

第 8 项的生理问题是噪声。在欧洲，控制噪声已历经2000多年的历史，在古罗马时代，凯撒朱利叶斯 (Julius Caesar) 禁止战车深夜在罗马街头行驶。20 世纪初，伦敦禁止教堂的钟声在晚上 9 点到次日早上 9 点之前响起。在德国，晚上 10 点后将禁止屋内出现嘈杂声，除非当日过生日。住宅的噪声不同于办公空间的噪声，办公空间的噪声会影响工作效率，而住宅的噪声将直接影响睡眠而导致亚健康。噪声主要来自建筑室外噪声，以及建筑室内噪声。建筑室外噪声主要来自道路交通，而室内噪声则来自邻居的活动。

控制住宅的噪声将通过两种方式进行。其一，交通的噪声可以通过隔音墙和绿色植物隔音带来实施，隔音墙和绿色植物隔音带可以有效阻止城市的噪声。其二，通过隔音材料的应用，可以有效遏制来自屋顶和隔壁不同程度的噪声。例如，吸音棉、木丝吸音板、隔音板、隔音毯等。此外，高质量玻璃窗（3 层玻璃）不仅隔热效果好，而且隔音效果也佳。

大玻璃墙面的住宅已不是建筑的品质问题，而是建筑带给人们的健康问题。进入 21 世纪的国际性住宅均使用了大玻璃面的全景模式，3 层玻璃及高效断桥技术的使用，使之达到同普通墙面相同的隔热效率。重要的是，它可以全面接受阳光，同时室内的人还可以感受外部景观，直接感受外部的自然。

第 9 项生理需要是提供必要的健康与娱乐的空间。在欧洲，2010 年前的住宅小区的景观设计趋于人文景观，人文景观是通过植物与水系的设计呈现出的一种视觉的美丽景观。2010 年后，住宅的景观设计则更多趋于体育设施设计，其中包含跑步道、迷你足球场、篮球场、滑板场地等，同时，增加了儿童娱乐设施。住宅小区的运动与娱乐设施将促进小区居民的健康状况。

基本心理需求

健康住宅包含 7 个基本心理需求。

（1）为个人提供充分的隐私。

（2）正常的家庭生活。

（3）正常的社区生活。

（4）具备能够在不过度身心疲劳的情况下完成家务的设施。

（5）保持住所和个人清洁的设施。

（6）家庭及其周围环境的审美满足可能性。

（7）符合当地社区的现行社会标准。

上述 7 个心理需求最为重要的是隐私问题。保护隐私不仅仅适于成年人，也适用儿童。通常，房屋面积的增加和家庭规模的缩小会增加隐私的可能性。理想的情况下，每个家庭成员都应该有自己的房间及洗手间。欧美的精神科医生认为对于 2 岁以上的孩子来说，卧室与父母分开是非常重要的。在德国，婴儿出生后均有自己独立的房间，这种做法使儿童在未来能够具备独立性和心理健康。

理想的健康住宅应该既保护个人隐私，同时又具备正常家庭生活的条件。健康的氛围需要有足够的起居空间，为家庭的和睦提供可能。厨房与起居室合并的设计，使家庭成员共同享受烹饪乐趣，促进了家庭和谐。和谐的家庭生活也应该有正常的社区生活的支持。正常的社区生活意味着，小区周围应该具备必要的生活设施，包括餐厅、酒吧、超市和医疗服务。餐厅和酒吧不仅仅提供餐饮服务，更重要的是为居民和社区建立一种文化的联系，而熟悉的餐厅和酒吧可以为居民建立多维度的家园认同。

疾病防护需求

9 种防止污染物的策略如下。

（1）提供安全、卫生的供水。

（2）保证供水系统不受污染。

（3）提供将疾病传播危险降至最低的厕所设施。

（4）防止住宅内表面受到污水污染。

（5）避免住宅附近不卫生的条件。

（6）将可能传播疾病的害虫消灭。

（7）提供食品的保险设施。

（8）卧室中应具有足够的空间。

（9）提供空气过滤设备、通风设备和消毒设备。

与水质相关的传染病很多是通过蚊子进行传播的。蚊子将疟疾、黄热病、登革热和丝虫病的病原体感染给人类。虽然这些传染病在中国和欧美已消声匿迹，但在落后的国家依然存在。

《科学》(*Science*) 杂志上有 39 名气流研究人员和工程师呼吁“范式转变”：直到现在，室内空气质量一直被忽视，因为几十年来，空气中漂浮的传染性颗粒的重要性一直被低估。作者认为，建筑师和工程师在规划建筑时必须考虑病原体及其传播。因此，通风、空气过滤和消毒等必须与建筑物的能量平衡同等重要。

5.5 项目实践

5.5.1 汉莎中心项目

由克里斯多夫•英恩霍文（Christoph Ingenhoven）建筑师团队设计的汉莎中心项目，以其丰富的中庭空间和少量的能耗向世人展示技术能源和社会的职责。汉莎中心位于欧洲最繁忙的机场 —— 法兰克福机场。基地的北面是机场的停机坪和跑道，南面是德国的 3 号高速公路，西面是高速公路通往机场的辅路。

大楼由手指状的办公楼和办公楼之间的中庭花园构成。屋顶是一个具有飞翔意义的弓形屋顶，在屋顶下面是 9 个位于办公楼之间的不同风格的中庭花园 —— 它们被称为“家园”。大楼的中轴是一个长廊，它连接了横向交通和竖向交通。总体建筑分两期进行，共由 28 个花园和 29 个办公单体构成，提供 4500 个工作位，一期建筑已于 2006 年完成，由 10 个办公单体和 9 个花园构成，共 1850 个工作位。

在这一项目中建筑师在一个非风景区的基地创造了一个全新的花园办公模式，弓形屋顶的构想源于飞机形体，同时代表其“开放的企业象征”。基地位于停机坪

5.12

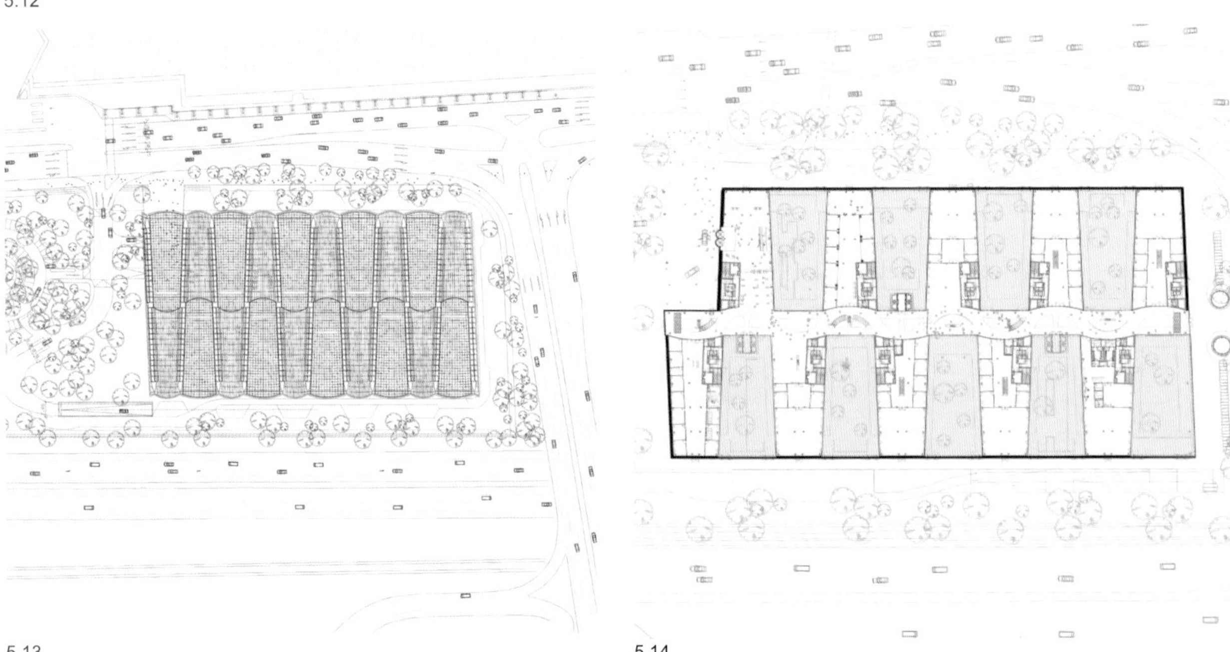

5.13

5.14

5.12 汉莎中心项目外景 1

建筑师：英恩霍文 竣工时间：2004 年 图片来源：Ingenhoven architects Projekt Archiv

5.13 汉莎中心项目总平面图

5.14 汉莎中心项目一层平面图

和高速公路之间，周围有高速铁路及城市快速铁路，交通路网便捷。

办公楼和办公楼之间是中庭花园，花园的绿色植物来自五大洲的代表树木。景观设计师设计了多种不同风格的景观花园，象征着汉莎航空公司与世界五大洲的联系。这一花园不同于传统的中庭花园，它是一个无空调设备、无取暖设备的零能源“冷花园”。夏天立面通风窗开启，中庭吸入新鲜的空气，经过循环通过屋顶通风构件排出，形成了自然的换气系统，冬天阳光的射入使中庭花园保持均衡的温度。

中庭花园被塑造为 9 个花园主题，其中包括德式花园、英式花园、日式花园、热带棕榈花园、运动花园等风格的花园。花园提供了办公楼重要的健康保证，它给予员工感受不同自然的机会。员工在工作的同时可以感受来自世界五大洲的植物及景观。中庭花园的自然植物和人工景观可以增进员工的幸福感，使员工获得对企业文化、城市的认同。

汉莎航空公司总部大楼的设计借鉴了飞机的时尚概念，重视生态、经济、能源，在保持办公楼舒适度的前提下，其能源消耗只是普通办公楼的 35%。中庭花园使人们仿佛置身于风景区，又起到了节约大楼能源的作用。

5.5.2 兰州银行项目

兰州银行项目由北京德雅视界国际建筑有限公司建筑师团队设计。该项目中心设计思想是创造一个同地区

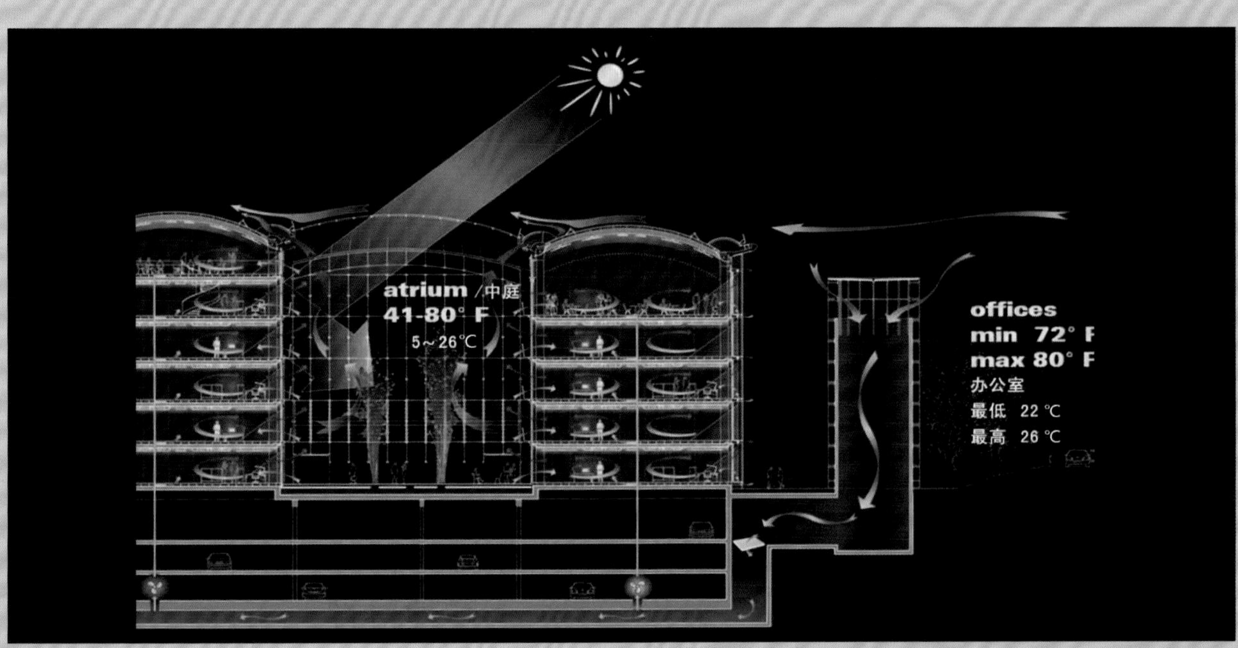

5.15

5.15 汉莎中心项目中庭能源图

5.16

5.17

5.16 汉莎中心项目中庭花园 1
5.17 汉莎中心项目中庭花园 2

5.18

5.19

5.18 汉莎中心项目办公空间
5.19 汉莎中心项目外景 2
建筑师：英恩霍文 竣工时间：2004 年 图片来源：Ingenhoven architects Projekt Archiv

5.20

5.20 兰州银行项目中庭空间
建筑师：北京德雅视界国际建筑有限公司建筑师团队　图片来源：北京德雅视界国际建筑有限公司

经济相符、组织高效、健康与生态的银行大厦。整体建筑地上 12 层，地下 1 层，结构高度为 49.6m。共规划了 82 个停车位，其中包括残疾人车位和充电桩设施。

大楼的核心是内部中庭的塑造，中庭带给营业部一个明亮空间，同时起到空气交换的作用。电梯的一侧面向中庭，配备透明玻璃，使人们在乘坐电梯时感受中庭品质。

中庭是连接各层的公共空间，它使各层联系紧密而高效。一层中庭设计了旋转楼梯，其造型类似雕塑，又方便各部之间的协同工作。中庭配备绿植，绿植底座设置座椅，供顾客休息等候，并构成绿色中庭的自然环境。中庭设计一个造型灯具，吊装在玻璃顶部。造型灯具原型来自被称为俪虾 (Euplectella aspergillum) 的海洋生物。它有 5 亿年的历史，具有“深远”的哲学意义。中庭地面设置灰色亚光石材，选择白色家具，构成时尚、现代的办公空间。二层以上公共空间选择温和的米色地面，构成温馨的办公氛围。

中庭依据当地气候特性而制定。该项目地处酒泉，属于半沙漠半干旱性气候，其特点为气候干旱、降水少、风沙多。中庭的设计可以建立一个被保护的室内空间，并通过中庭的烟囱效应，实现绿色健康的室内环境。通常，在非风沙季节，自然的空气通过建筑二层的通风窗进入室内，在中庭经过空气交换后由屋顶的排风装置排出。在风沙天气时，可以关闭进风口和排风口，启动机械通风装置进行通风。室内设计了绿植和水系，以保证室内的合适湿度。办公室的通风窗被设计在内侧，通过中庭的空气交换进行通风。

办公室的内墙设计为透明的玻璃墙面，以便使中庭外墙的光线和中庭的光线为办公室提供日光，以使每个角落获得均匀的日光光线。

5.5.3 B10 项目

维纳尔 • 索贝克 (Weiner Sobek) 设计的建筑通过其发展的主动式建筑来解读建筑的全生命周期的生态意义。其主动式住宅B10项目是全生命周期建筑的实验性项目，并实现了“三零”的生态目标，即零排放、零能源和零浪费。B10 项目从选择材料、组件生产、建造过程、操作与维护、拆除和回收再利用，均采取了全生命周期的能源消耗和环境影响的策略。

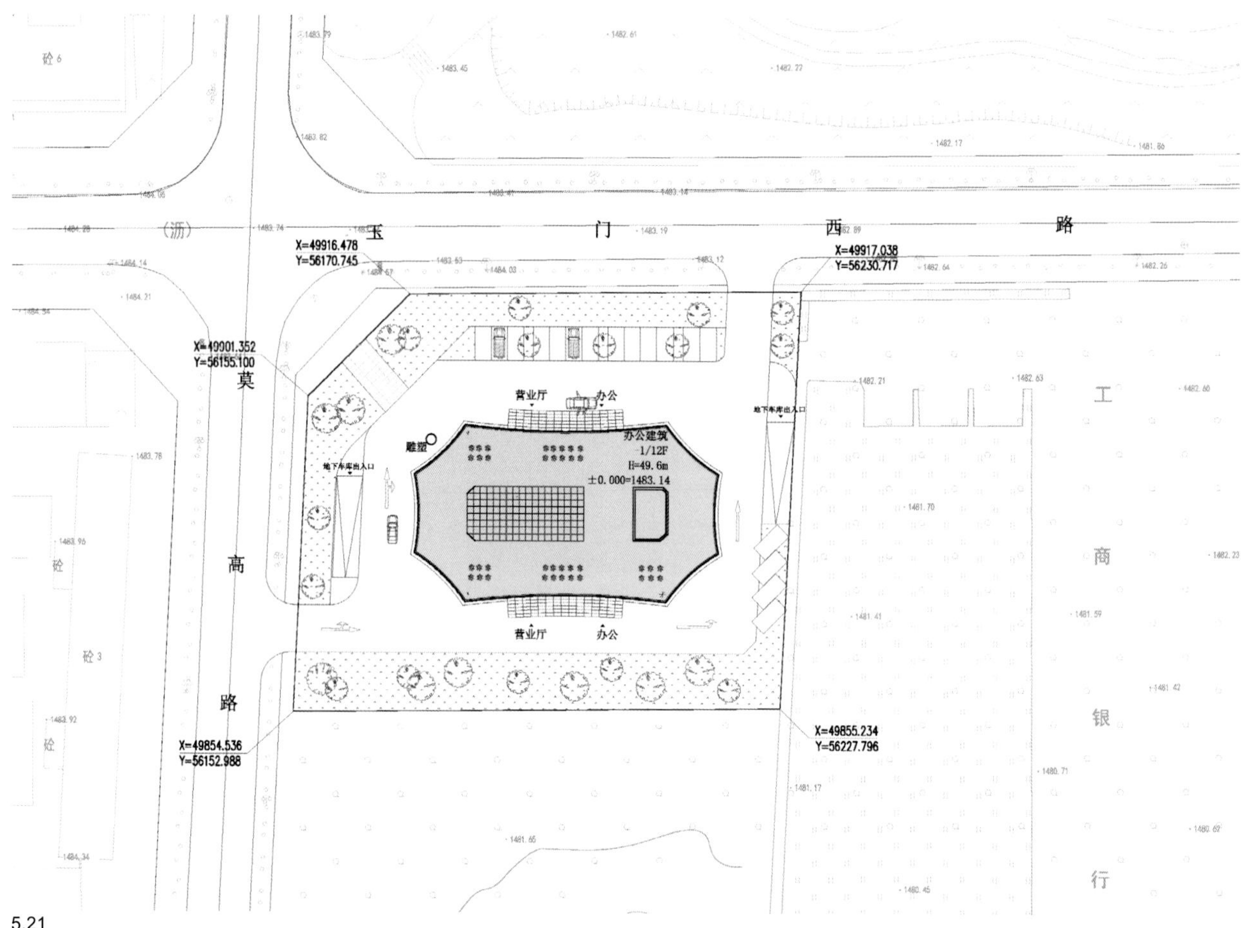

5.21

5.21 兰州银行项目平面图

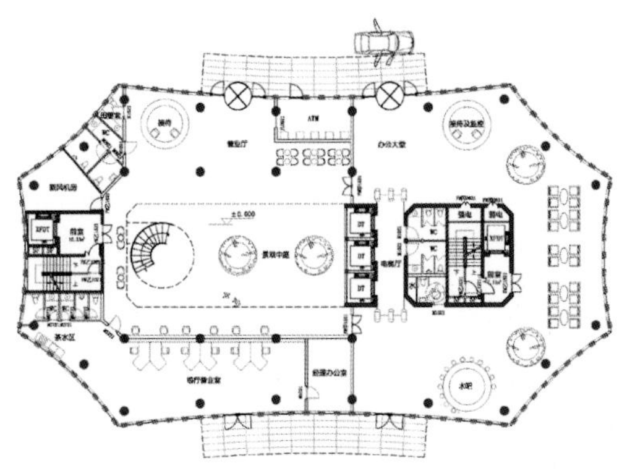

5.22

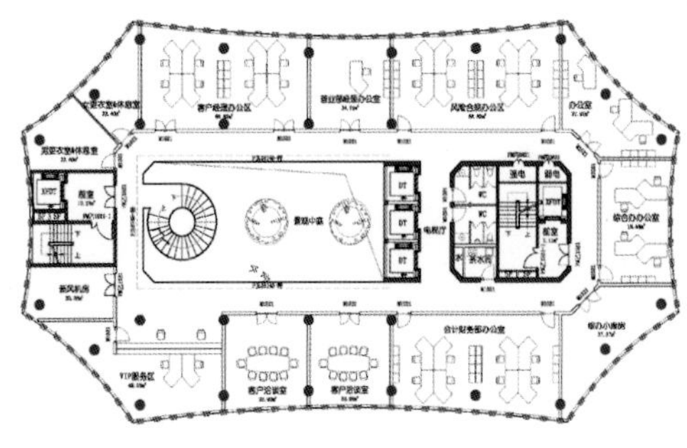

5.23

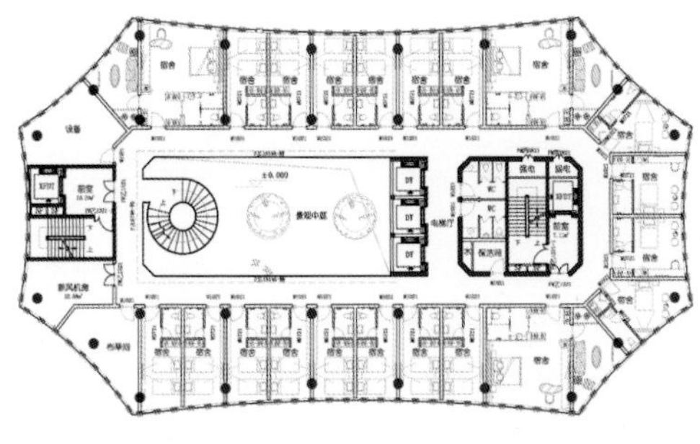

5.24

5.25

5.22 兰州银行项目一层平面图
5.23 兰州银行项目二层平面图
5.24 兰州银行项目六层平面图
5.25 兰州银行项目九层平面图
5.26 兰州银行项目夜景
建筑师：北京德雅视界国际建筑有限公司　图片来源：北京德雅视界国际建筑有限公司

5.26

5.27

5.27 B10 项目立面图片
建筑师：维纳尔 • 索贝克 (Weiner Sobek)　图片来源：https://www.wernersobek.com

B10 项目位于德国斯图加特城市的吉尔斯伯格 (Killesberg) 区域的威森霍夫 (Weissenhof) 社区。2013 年索贝克以试验为目的，为土地设计了首个主动式住宅，并以布鲁克曼街 10 号的名字"B10"命名。2014 年该建筑在工厂加工组装后在该地安装，并在此地放置 5 年用于展示和推广。2019 年 8 月，该建筑在一天之内被起重机吊装在一辆重型卡车上，运往海恩斯坦 - 奥博斯腾 (Hohenstein-Oberstetten) 地区重新安装并展示。

该项目的平面尺寸为 14.5m×6m，高度为 3m，总建筑面为 87m^2，建筑形态呈长方形。建筑的三面均为无窗的封闭墙面，正立面为全透明玻璃。室内设有停车区、起居室、厨房、卧室及洗手间。该项目是全程在工厂模块化生产并在现场安装完成的。索贝克认为：住宅应该像汽车一样在车间里生产完成，这样才能降低材料和能源的消耗。

B10 项目通过太阳获取主要能源。位于屋顶的太阳能设备产生的能源是建筑消耗能源的 200%，多余的电力将注入地区电网并获得经济利益。冬天的热能大部分来自地源热泵的技术转化，而太阳能设备同时可以帮助室内增热。项目使用的建材可以完全回收。为了达到这一目的，金属构件采用特别加工，使每个组件和单元在未来可以回收和再利用。楼宇的数字监控系统优化了建筑的能源消耗，使建筑的能耗降到最低点，帮助系统准确工作。计算机每天、每时都在观察和收集建筑的物理数据并通过程序控制室内温度和湿度，以达到健康建筑的目标。

技术内涵与健康、能源策略

模块化的概念：工业预制和建筑物的可运输性对于设计程序尤为重要。为了进一步提高预制质量，同时为未来重新规划提供最大的灵活性。该项目设计了 4 组预制模块，这些模块为电器、设备、厨房及卫生间提供空间。这些技术的模式来自汽车工业，依据汽车工业的流程预制单个元件以提高效率，然后组装在建筑中。

这些模块的设计方式使其可以随意移动和安装。管道长度被最小化，如项目主持建筑师所言："管道的位置是在规划过程中在三维模型中确定的，并且仅适于特别提供的建筑部件中。[111]"内部空间同样也是模块组合的，大的开放空间可细分为可移动、易于安装和拆卸的隔板和玻璃型钢门。木材上附有纺织品以便于回收：建筑的结构同外墙为一体，材质是高度隔热的木板。木板既未涂漆，也没有其他涂层，以确保其可回收性。墙壁是由未经处理的木材制成的，内侧和外侧都附有纺织品，以便转换和拆除。使用纺织面可以替代外层的涂料，同时更加环保。

汽车在住宅里：建筑的正面是由型钢分割的大面积玻璃面构成，玻璃面前是一个完整的露台。入口处位于玻璃面左侧，电动车可以直接经入口驶入住宅内，同时可以在住宅内装卸货物。停车房门可以自动打开，房内设计了一个可旋转的地板构件，方便上下车。对于旋转地板，索贝克解释："目的是研究最佳的状态，使老人或残疾人更容易上下车，同时研究将电动车停放在可控制温度的环境中，以便增加其行驶距离，以及使用较少

5.28

5.29

5.30

5.31

5.32

5.33

5.28　B10 项目外景
5.29　B10 项目内景
5.30　B10 项目模块化生产
5.31　B10 项目生产过程
5.32　B10 项目运输
5.33　B10 项目安装

的功率来加热或冷却车辆。[112]”

预测能源管理：能源管理系统可以预测影响能源生产和消耗的所有相关变量，包括天气状况、居民的舒适度及出行需求。它可以根据负荷和产量预测地区使用和存储的能源。该项目的楼宇自动化系统在中央控制单元的 alphaEOS BASE[1] 系统上运行，并通过手机 App 或计算机进行控制。住宅中所有技术组件（包括电动车）都集成在家庭自动化系统中。

智能加载：电动汽车不是 B10 住宅的未来，而是当下的必然。车辆和充电站之间的通信通过由营运商提供的 ISO/IEC 15118 通信协议进行。因此，可以实现车辆到电网的通信。该项目的充电设施，使用了由德国 Keba AG 公司和汽车制造商 Daimler AG 公司合作开发的负载管理系统。该系统通过德国 OCPP 通信标准连接到建筑物的能源管理系统中。由此，这可以将优化的充电信息发给车辆，屋顶中的光伏能量随时可以为车辆充电。

永久监控：在室内，系统可以测量空气温度，感测温度、温度、空气速度、CO_2 含量和亮度。为此，使用了永久安装的传感器和移动式传感器。两个震动喷射式冷量表可以检测供给冰库的热能，或将其用于建筑物的冷却。GoQ 系统（建筑技术设备的控制单元）可读取通过太阳能系统提供给建筑物的热量，并作为项目监控的一部分进行记录并储存数据。在室外，除了记录气温，气压和相对湿度外，还记录风向、风速及降水量，及其持续时间和强度，为此，使用了组合式天气传感器。

供暖：该项目由高效的水－水热泵加热系统提供热源。热泵可以通过液压矩阵访问两个热源。第一个（也是最重要的）热源是一个 15m³ 的冰库，冰库位于建筑物旁边的地下。由于储冰罐最低温为 0℃，该储冰罐可以使热泵以非常高的年运行量高效运行。建筑物的第二个热源是安装在屋顶的集成太阳能光伏模块。一旦这些模块在冬季和过渡季节期间未收到足够的太阳辐射（温度超过储冰罐温度时），它会自动作为热源启动，以帮助热泵源提高温度和效率。

[1] alphaEOS BASE 是由德国 alphaEOS 公司开发的楼宇自动化系统软件，它由跨学科团队开发，提供先进的计算法，用于预测性智能家居的解决方案。

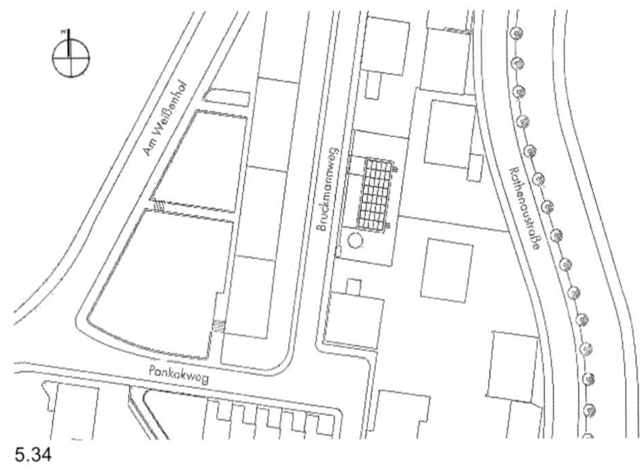

5.34

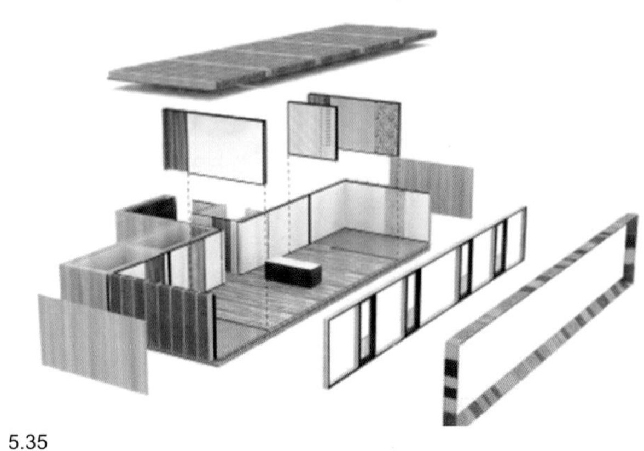

5.35

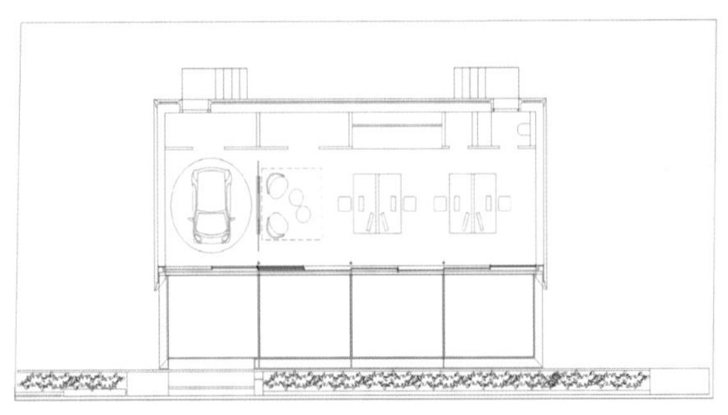

5.36

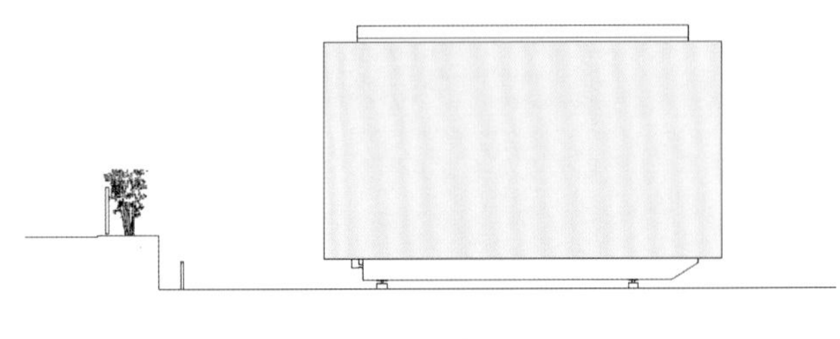

5.37

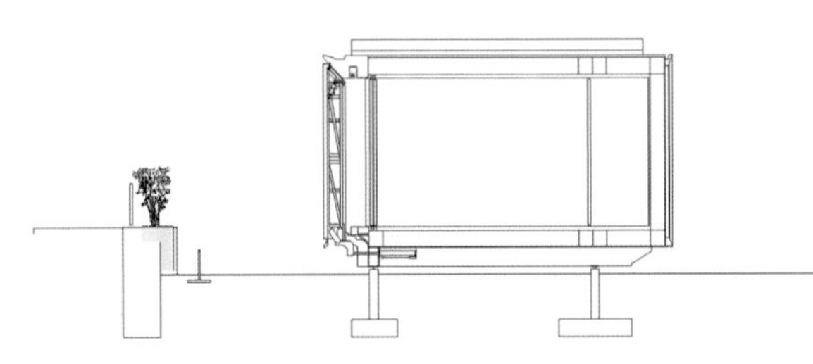

5.38

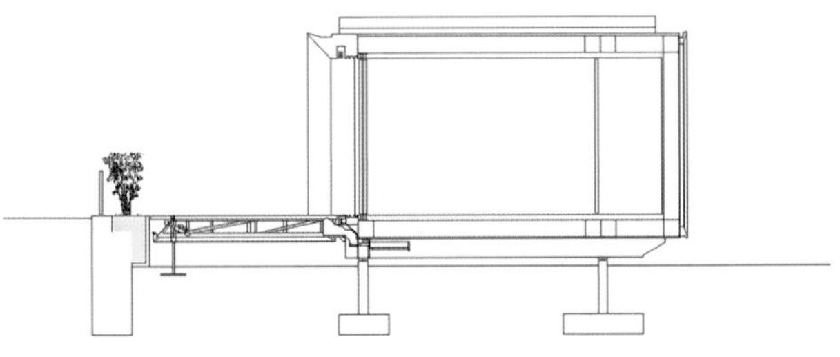

5.39

5.34 B10 项目总平面图
5.35 B10 项目建筑单元示意图
5.36 B10 项目平面图
5.37 B10 项目立面图
5.38/5.39 B10 项目剖面图

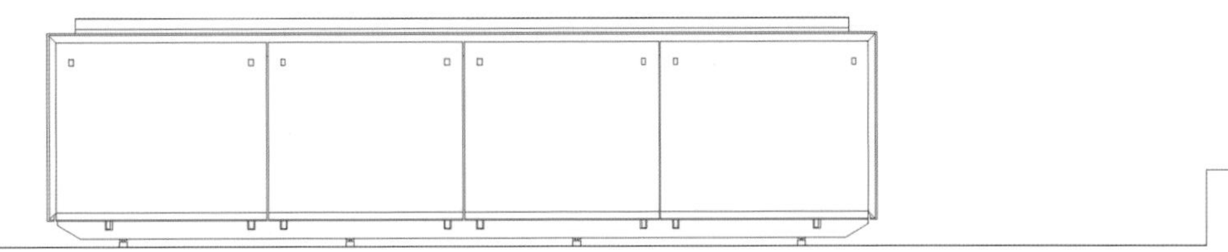

5.40

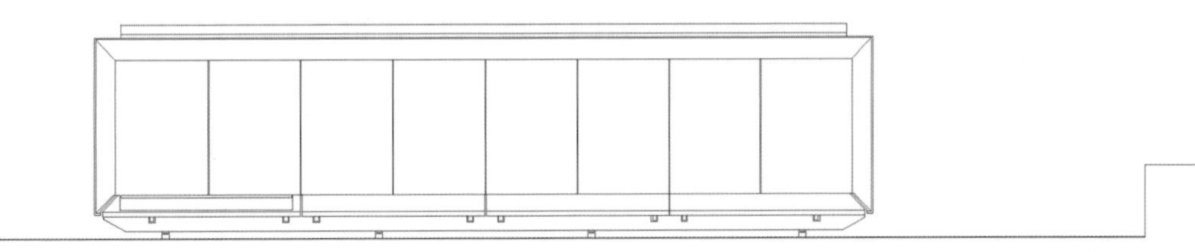

5.41

5.42

5.43

5.40　B10 项目背立面图
5.41　B10 项目正立面图
5.42　B10 项目背立面图
5.43　B10 项目外景

5.44

5.44 B10 项目施工现场

建筑师：维纳尔 • 索贝克 (Weiner Sobek) 图片来源：https://www.wernersobek.com

第 6 章　健康建筑的重建与改建

健康建筑的重建与改建意味着，建筑物在过去和未来具备文化和使用价值。但在当下不符合时代要求和标准的建筑，需要通过重建、改建、扩建和修缮来增补时代的功能、需求，将时代可持续建筑和可持续健康的功能输入旧的建筑，以达到时代需要的最大的价值。

建筑重建 (Reconstruction) 与改建涉及的文化与历史的议题包括了废墟的重建、文物建筑的改建和修缮。这些内容涉及国家的文物保护章程和联合国公约及原则。在国际共识的最高层面中，联合国教科文组织《世界遗产公约》（1972 年）对其缔约国具有法律约束力；缔约国的数量实际上是教科文组织所有公约中最多的，而公约在执行意义中只起到指导的作用，并没有明确的约束力。对于不完整建筑是否重建的问题，答案是明确的，就是强烈的劝阻。

判断一个建筑是否优秀，不仅仅是审视其今天的整体品质，还需考量该建筑是否有足够的可能性在未来进行重建和改建。优秀的建筑在设计时，也应思考未来重建和改建的便捷性，给未来的功能变化提供伸缩性的设计。

建筑的重建与改建的主要内容包含了结构的重新设计、结构的维护、空间序列的扩建、技术更新，以及绿色材料的更换。这些程序在当下可持续发展的框架下，在生态建筑设计原则的指导下，通过新技术与新材料的使用构建与时代相符的健康的绿色建筑。

6.1 重建

建筑的重建主要是对受损或损坏的纪念建筑、历史建筑或建筑部分的重新建设，即创建一个被摧毁的“复制品”。几个世纪以来，由于自然灾害、战争使建筑物遭到摧毁或部分毁坏，灾难过后，通过重建和改建来恢复其原有状态。《伯拉宪章》（*Burra Charter of Australia*）将“重建”定义为通过引入新材料将受损的建筑恢复到早期状态[113]。根据美国内政部标准，“重建”是通过新建筑描绘一个不存在的遗址。重建是通过复制景观、建筑、结构或物体的形式、特征和细节，反映其在特定时间段和历史位置的外观的行为或过程。[114]

6.1.1 重建的公约与原则

对于哪些包含历史意义的建筑物进行重建始终是一个具有争议的课题，因为重建的价值必须令人信服。由于战争、自然灾害、恐怖袭击而被摧毁的建筑物，同时至今还具备其使用功能与价值，这类建筑的重建是有意义的。要重建一个被摧毁的建筑物，不仅仅可以延续其历史意义和文化认同，而且，可以将时代的信息重新组合并予以输入，使建筑物具有多元的意义。但是，对于历史遗址，或具备历史意义的建筑物，由于各种历史原因被摧毁的，重建将产生很多争议。《世界遗产公约》对建筑重建有详细的准则：就真实性而言，只有在特殊情况下才有理由重建考古遗址或历史建筑及地区。只有在完整和详细的文件基础上，其在一定程度上不基于猜测，才能接受重建[115]。

历史上有很多建筑物因为战争和自然灾害被摧毁，而后被重建，并且没有太大改动。这类建筑被战争和自然灾害破坏，几乎没有争议而被接受。例如，日本奈良的法隆寺 (Horyu-ji Temple) 正殿于 1949 年被烧毁，随

6.1

6.2

6.3

6.4

6.1 日本奈良的法隆寺
6.2 威尼斯圣马可广场的钟楼
图片来源：
https://japan-resort.club/horyu-ji-temple-nara/
https://bestveniceguides.it/2018/07/23/il-crollo-del-campanile-di-san-marco/

6.3 1945 年 2 月德累斯顿的圣母大教堂被摧毁图片
6.4 2015 年圣母大教堂重建后场景
图片来源：
https://www.pul-ingenieure.de/wiederaufbau-frauenkirche-dresden/
https://www.fotocommunity.de/photo/frauenkirche-dresden-erwin-oesterling/32274277

后被重建；威尼斯圣马可广场的钟楼 (the Campanile) 于 1902 年 7 月倒塌，于 1912 年 3 月完成重建；德累斯顿的圣母大教堂 (Frauenkirche) 于 1945 年 2 月被摧毁，于 2005 年 10 月完成重建。然而，在世界范围内却真实地存在着很多没有意义的重建项目。这些项目是基于文化认同的需求，以及城市记忆层面的“必要”而重建。虽然，这些建筑重建的意义可以被理解，但饱受争议，不应提倡。例如，柏林共和国宫殿的重建项目，该项目位于柏林 Spree 岛的中心，邻近柏林大教堂，于 1976 年建设完成并于 2008 年拆除。2001 年，柏林政府决定在此新建巴洛克风格的柏林宫殿（Berliner Schlosse），柏林宫殿始建于 1443 年，是普鲁士国王和德国皇帝的居所，自 1818 年开始，为柏林艺术和科学机构的所在地。自建成后的 500 年间曾多次重建和改建。1974—1990 年成为德意志民主共和时期的国家议会及文化展览场所。自 2002 年开始，拆除主体建筑，保留了立面，以及混凝土构件和内部构架。2012 年开始重建，并于 2020 年完工，现作为洪堡论坛（Humboldt Forum）的总部。完工后的柏林宫殿饱受各界的争议。

在国际立法和指导方针中，对于不完整建筑是否重建的问题有明确的答案，就是强烈的劝阻。虽然，联合国教科文组织的《世界遗产公约》(1972) 对其缔约国具有法律的约束力，但是，并没有直接的执行力。另外，章程往往是在鼓励专业人士在工作中采用共同商定的原则方面起到劝诫作用。宪章的内容和最终影响，事实上取决于起草者、批准者和机构的权威，从而决定重建的项目是否为一般专业领域所接受。

有关考古遗址的重建问题，在《威尼斯宪章》(*Charter of Venice*)(1964）中有明确的表述：应排除所有重建工作。“只有安氏症 (Anastylosis[1])，也就是说，重新组装现有的但被肢解的部分，才能被允许。”此外，由澳大利亚国际古迹遗址理事会 (ICOMOS) 发布的《伯拉宪章》(*Burra Charter of Australia*) 修订版 (1999 年) 中有一套连贯的指导方针。

“1.8 重建意味着将一个地方恢复到已知的早期状态，并通过在结构中引入新材料与修复区分开来。”

“20.1 只有当一个地方因损坏或改变而不完整时，并且只有在足够证据重现结构早期状态的情况下，重建才是合适的。在极少数情况下，重建可能也适合作为保留当地文化标志的使用或实践的一部分。”

“20.2 重建应通过仔细检查或其他解释进行识别[116]。”以上所述，所有这些文件，无论是国际公约还是地方性指导章程，都有一个共同点，即重建构成例外的情况，只有在充分的主要证据下，同时具备时代意义的前提下才能进行。

6.1.2 重建的理由与原则

当一个被摧毁的建筑需要重建时，必须认真评估其重建的理由。当重建的理由得到充分认同时，重建将产生意义，同时，还可以帮助城市建立城市的文化认同，起到历史与时代交汇的作用。根据建筑历史学家詹姆斯 • 玛斯顿 • 菲奇 (James Marston Fitch，1909—2000 年)[2]，对建筑重建的概念， 列出以下 5 项重建理由。该理由涉及国家历史、使用意义与功能、经济意义与生态环境。

[1] Anastylosis 是一个考古学术语，指的是一种重建技术，即尽可能使用原始建筑元素，结合现代材料（如有必要）修复被毁坏的建筑或纪念碑，确保后者不引人注目，同时可以清楚地识别为替代材料。它有时也被用来指代修复破碎陶器和其他小物件的类似技术。

[2] 詹姆斯 • 马斯顿 • 菲奇（James Marston Fitch，1909—2000），美国建筑师、建筑保护主义者，1954—1977 年曾任教于哥伦比亚大学。

6.5

6.5 世贸大厦　建筑师：Daniel Libeskind/SOM　竣工时间：2013 年　图片来源：Studio Libeskind

（1）国家、城市象征的意义与价值。当建筑物、场所和景观具备城市的象征意义，或代表城市文化认同和城市记忆，重建是可行的。因为重建一个有意义的建筑或景观，可以帮助国家建立国家尊严，帮助城市树立文化认同的概念，帮助个人找回文化记忆。例如，德累斯顿圣母大教堂是基督教新式教堂的代表作，建于 1726—1743 年，摧毁于 1945 年 2 月。德国统一后，政府组织成立重建小组，由建筑师埃伯哈德 • 伯格 (Eberhard Burger) 领导的重建工作组，于 1993 年开始重建，并于 2005 年完成。重建中大约使用了 3800 块原石。其中一些石块表面被火烧过，留下了战争的记忆。圣母大教堂的重建，恢复了代表城市文化的象征意义，同时，代表统一后德国的文化认同。

（2）继续使用或重复使用。重建后的建筑可以继续发挥其原有功能，或具备新的、不同功能。例如，2001 年 9 月 11 日纽约世界贸易中心被恐怖分子摧毁，随后，2002 年，曼哈顿 LMDC 开发公司宣布在世贸原址重建世贸大厦。该项目的总体规划由美国建筑师丹尼尔 • 里伯斯金 (Daniel Libeskind) 通过竞标获得，于 2006 年 4 月开工，并于 2014 年 11 月 3 日完工。重建的世贸大厦不仅仅延续了旧世贸大厦的所有使用功能，同时原址上还规划了纪念馆和博物馆的附属空间与环境，以平衡对悲剧的记忆。

（3）教育和研究用途。重建工程可能是一个有意义的研究项目，通过重建达到对建筑结构、材料的研究目的。这一理由适用于绝大多数重建遗址。无论其主要动机是什么，重建后的建筑都有可能具有很高的教育和研究价值。

日本根据考古的证据对不复存在的木结构建筑进行了多项的重建，以研究其建筑的结构、构造和构件的关系。

（4）旅游推广。重建的建筑可以推动城市旅游业的发展，从而帮助城市创造收入。例如，武汉市黄鹤楼最早建于公元 223 年的三国时期，此后 7 次被毁，7 次重建。最后一次建于 1868 年的清朝，随后 1884 年被大火烧毁。现今的黄鹤楼重建于 1985 年。2007 年，武汉市黄鹤楼公园被全国旅游景区质量等级评定委员会正式批准为国家 5A 级旅游景区。

（5）场地保护。当“场地”受到商业开发的威胁时，选择重建比场地空置更有意义，因为，重建可以阻止不同形式商业开发，使场地通过重建而终结未来的商业行为。从可持续发展的维度分析，空置一个历史性的场地，试图通过对“废墟”的保护来增加历史的记忆，是没有说服力的。此外，重建还可以帮助恢复原有的生态环境，保护生物多样性。当“重建”的意义大于“保护”场地的意义时，“重建”将得到公众的认同。

在实践层面上，“重建”始终是一个有争议的话题。通常，历史学家和考古学家是反对重建的重要力量的。他们认为，废墟建筑能够唤起价值，而保留下来的废墟更能唤起人们对过去的记忆。而大多数建筑师则认为，在遵循《世界遗产公约》的前提条件下，在遵守国家与地方文物保护条例的条件下，重建可以唤起人们对历史与文化的认同，因为真实“存在”（重建）要比想象的历史更具说服力。

6.2 改建

当一个建筑物的结构年限在其安全范围内，但使用功能、面积已不适合现在的需求时，在这种情况下，通过建筑“改建”来实现现今的价值，满足现在的需求。

6.6

6.7

6.8

6.6 柏林宫殿（Berliner Schoss）1818 年 图片来源：https://segu-geschichte.de/berliner-schlossplatz/
6.7 柏林宫殿 1945 年 图片来源：https://berliner-schloss.de/das-historische-schloss/zerstoerung-und-vernichtung/
6.8 柏林宫殿重建 建筑师：Franco Stella Architetto 竣工时间：2020 年 图片来源：https://www.stuttgarter-zeitung.de/

“改建”包含了建筑的“现代化”进程，其中包含了结构系统的加固，平面系统的重新设计，外立面系统的更换，以及设备的调整。现代的“改建”应具备功能和能源双重的效率。功能效率意味着，通过设计使使用功能提高，而能源效率则代表了改建后的建筑更加节能。功能效率的含义是，通过空间的重新组织，建筑新概念和形式的植入，设备的更新，提高了建筑的使用效率，使其达到或超越现今建筑的功能和标准。能源效率则通过建筑的改建，通过生态建筑的设计策略，达到生态建筑的能源标准。

6.2.1 可持续性改建

在可持续建筑的背景下，可持续性改建是一个重要的概念，但建筑师对其概念化的程度很低。其主要原因是，新建筑在设计过程中更容易将生态的策略融入其中，而改建的建筑需要更多复杂程序和高额的成本才可达到生态效率。在当代社会建筑的改建项目中，重点往往是修复旧建筑以解决需求问题，而不是增强和改善特定建筑的能源潜能。然而，现有的存量建筑占有绝对的高比例，而新建筑只占城市建筑的极小一部分。因此，基于保护国际气候的基本议题，以及生态、能源与健康的需求，需要对更多的存量建筑进行改建。

法国 Lacaton&Vassal[1] 建筑师事务所提出了一个“附加改建”(The Renovation Theory of Plus) 的建筑概念。“附加改建”值得重视，因为它由执业建筑师根据经验提出，并在许多项目中成功实施。“附加改建”的核心是，试图将改建的意义和重要性与更大的建筑理论遗产产生关联，从而在设计过程中增加文物保护的意义。“附加改建”不是试图让建筑看起来“更新”、更高效、更吸引人，而是明确地致力于改善每个地点的环境情况，而不是改变环境。“附加改建”关注“从不拆卸、减去或替换东西，而是始终增加、转换和利用它们”。“附加改建”的理念在 20 世纪 60 年代和 70 年代巴黎郊区的改建过程中得以贯彻，在住宅改建中更多实施了重新配置策略，从而保留城市原有面貌。

“附加改建”是一种改善和保留建筑特征的方法，在考虑一栋建筑的整个生命周期时，保留其原有风格特征的同时进行附加的改建，将新的建筑技术与生态技术“附加”到原有建筑中，保留原有建筑的文化精神，同时获得现代化的结果。Lacaton&Vassal 的概念基于巴黎悠久的城市历史文化提出，其积极性在于将受保护的文物建筑和非文物建筑平等对待，能够更好地保护城市的历史与文化，同时增加更多对环境保护的诉求，更适应具有悠久历史的城市与建筑。

Lacaton&Vassal 设计的 FRAC Nord-Pas de Calais 项目比较集中表现了他们提出的“附加改建”概念。该项目建于 1949 年，位于法国敦刻尔克 (Dunkerque) 港口。原始建筑是一个长 75m、高 30m 的单体厂房，基于“附加改建”的概念，项目的改建增加了一个与原始建筑体量相当的建筑，并与原始建筑相连。“附加”的建筑增加了建筑的使用面积，同时也回应了对原始建筑的身份认同。原始建筑被设计成为单一的展示空间，新建筑则设计了 4 层不同高度的空间，布置了展览空间、咖啡厅、

[1] 法国 Lacaton&Vassal（Lacation&Vassal，1987 年，Anne Lacaton 和 Jean-Philippe Vassal 在巴黎成立），设计了商业、教育、文化和住宅项目。他们希望在每种情况下找到必要的东西，并基于经济手段创建一种适度的建筑语言。Anne Lacaton 和 Jean-Philippe Vassal 于 2021 年获得普利兹克建筑奖。

6.9

6.10

6.11

6.12

6.9 杜塞尔多夫城市银行（Stadtspaekasse Duesseldorf） 建筑师：Ferdiand Kraemer（后来的 KSP）、Heinrich Rosskotten 设计建造时间：1964 年
6.10 杜塞尔多夫城市银行改建 建筑师：英恩霍文 竣工时间：2002 年 图片来源：Ingenhoven Architects
6.11 杜塞尔多夫城市银行外观
6.12 杜塞尔多夫城市银行内景

会议室等区域，扩展了原始建筑的展示功能。

同附加改建相对立的一种概念被称为“减法改建”(The Renovation Theory of Minus)。“减法改建”的概念基于城市发展的需求，以及可持续发展的背景需求而产生。那些在历史中起到重要作用、至今仍然发挥着重要作用的建筑物，城市的更新与发展，使得其占有的空间和环境阻碍了城市的发展，在这种情况下，通过“减法改建”更新和集中建筑功能需要，将多余的空间还给城市，帮助城市恢复其原有的生态环境。

“减法改建”由英恩霍文建筑事务所提出，并在其实施的项目中应用。“减法改建”重视对原有建筑的尊重和保护，在尊重和保护历史建筑的前提下，对建筑附加的功能和空间通过技术的更新、协同系统的应用，在保证其功能使用的基础上，将原有的使用面积大幅度减少，并恢复原有的生态环境，成为与时代要求相符的建筑。“减法改建”适用于城市中火车站、码头、工厂的改建。在改建的过程中，保留主体建筑的历史风格，拆除不必要的设施空间，通过现代技术的应用而实现“减法改建”。

“减法改建”关注环境的恢复，将建筑的辅助设施（火车站轨道、码头设施、工厂设施）通过全新的设计，创造出一个全新的生态环境。全新的生态环境，不只是单纯的环境恢复，更多是环境更新。新的环境为生物多样性提供空间和空间的连续通道，使城市空间产生连接，使动物在城市空间中不受阻碍，形成城市空间的连续和循环。

斯图加特中央火车站项目体现了“减法改建”的整体概念。该老火车站于 1910 年建设完成，它代表着这一地区工业革命的成绩并成为城市的标志，但当城市火车站进入一个崭新的时期时，其烦琐的轨道和设施占用大量的空间，已不适应于现今城市的发展，需要通过整体改建使城市交通达到现代化水平。斯图加特火车站位于城市的宫殿花园附近，为了不破坏宫殿花园完整性，给城市留下更多绿色，英恩霍文构思了一个地下火车站的原型。地面上通过自然造型“光眼”，将光线引入地下，形成了一个光线充足的地下火车站的模式。

项目的重组核心是轨道的重新组织与规划，“减法改建”放弃庞大的地面轨道，改为集中的地下轨道，将原有的 16 个站台，通过现代信号技术改为 8 个站台，把空间归还给城市和绿地。地面上通过自然造型“光眼”，形成了连续的绿地，并同宫殿花园连接，同时与城市花园连接。重组的城市花园为生物多样性提供了连续、循环的城市空间。

6.2.2 工业历史建筑的改建

那些具有历史价值的工业建筑，同城市的历史建筑一样，是城市历史与文化的一部分，应该得到公平对待和保护。保护这些建筑的一种方式是改建，而改建这些建筑既可以保护历史，同时可以解决城市的空间需求问题。改建对资源节约、环境保护及生物多样性的保护具有积极的意义，同时，它可以提高社会对旧建筑的认知度和敏感度，鼓励开发商选择改建，而不是新建建筑。

许多工业建筑具有良好的结构系统和长久的使用年限，但国家整体工业系统的转型，使得这些具有良好品质的建筑被废弃或闲置。其中，有些建筑已成为世界文化遗产，有些建筑则成为城市文化遗产。自 20 世纪 90

6.13

6.14

6.13/6.14 FRAC Nord-Pas de Calais 改建
建筑师：Lacaton&Vassal 竣工时间：2016 年 图片来源：https://www.lacatonvassal.com/

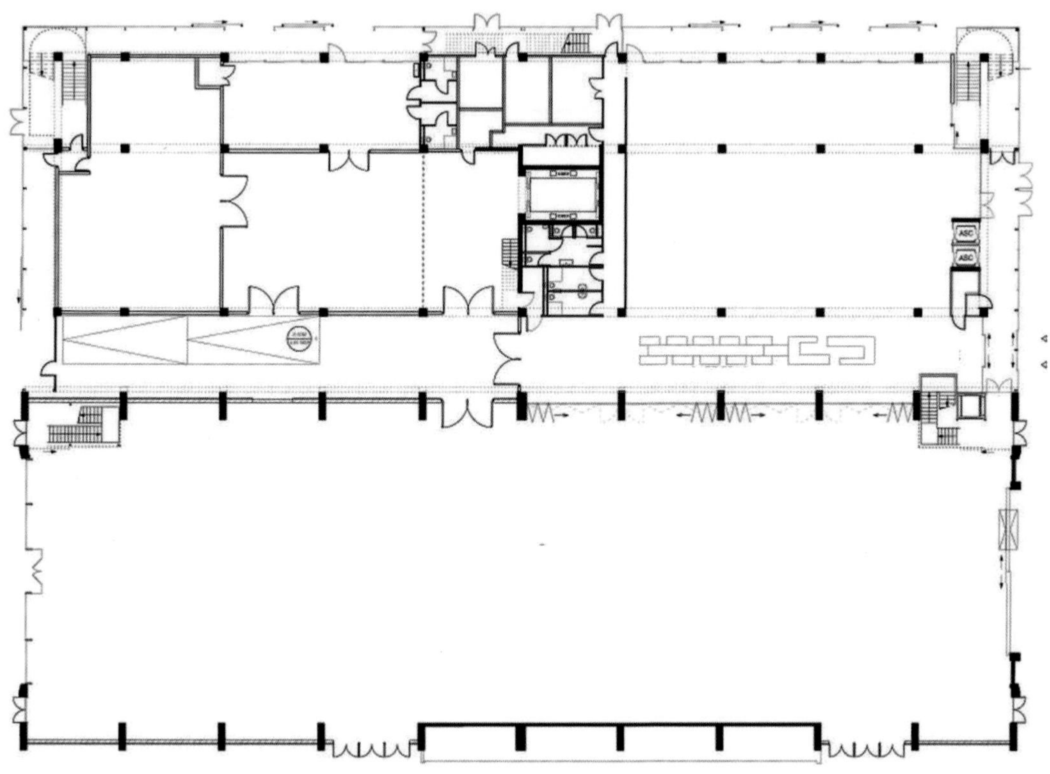

Niv. RDC +0,00m (5,45 NGF)

6.15

6.15 FRAC Nord-Pas de Calais 改建（首层）

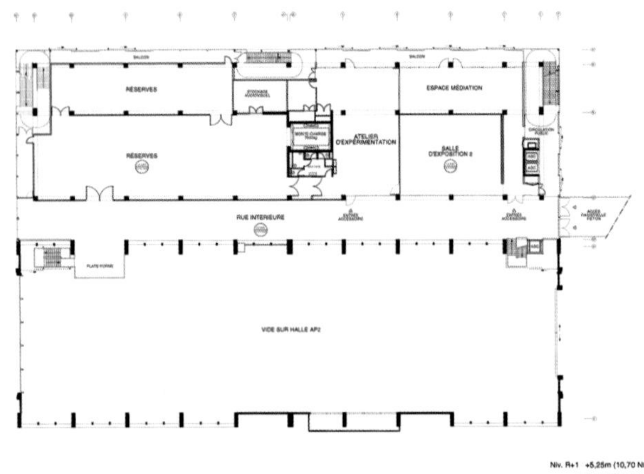

6.16

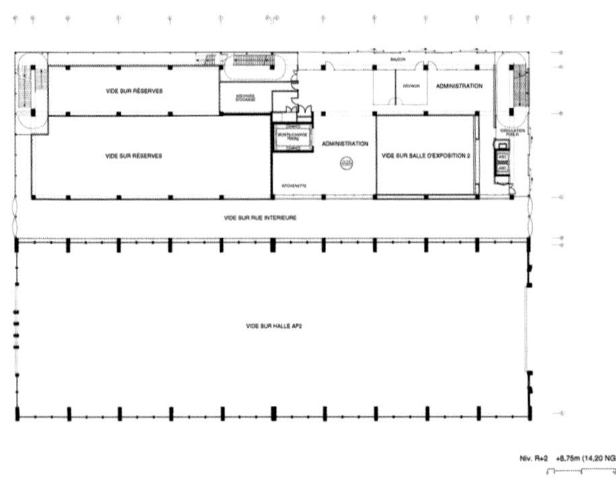

6.17

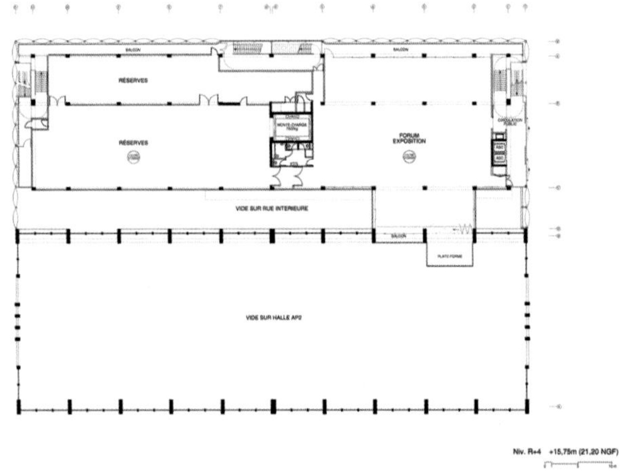

6.18

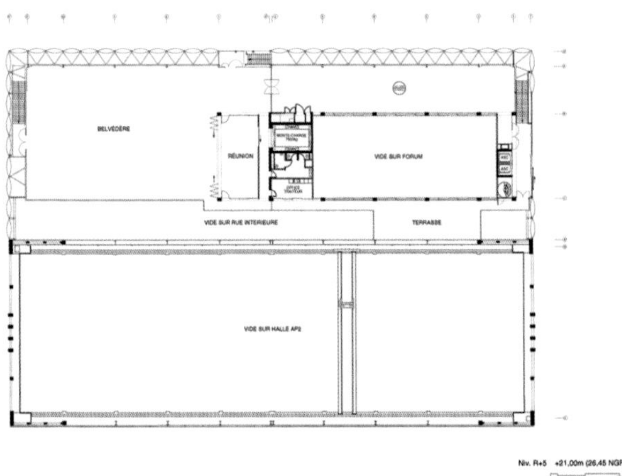

6.19

6.16/6.17　FRAC Nord-Pas de Calais 改建（二层平面图 / 三层平面图）
6.18/6.19　FRAC Nord-Pas de Calais 改建（四层平面图 / 五层平面图）

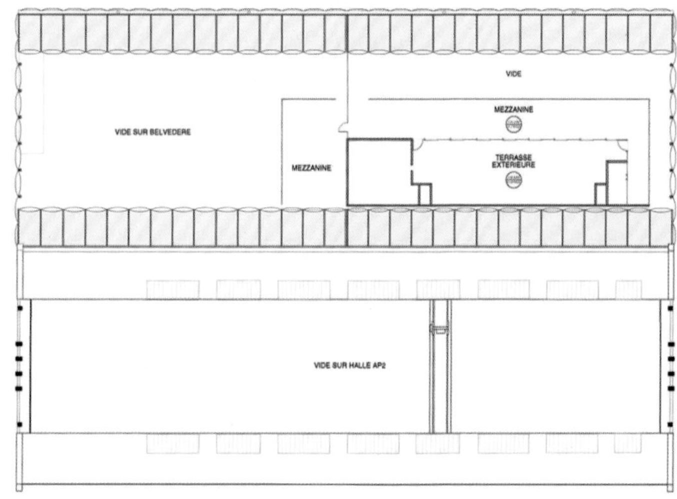

Niv. R+6 +26,25m (31,70 NGF)

6.20

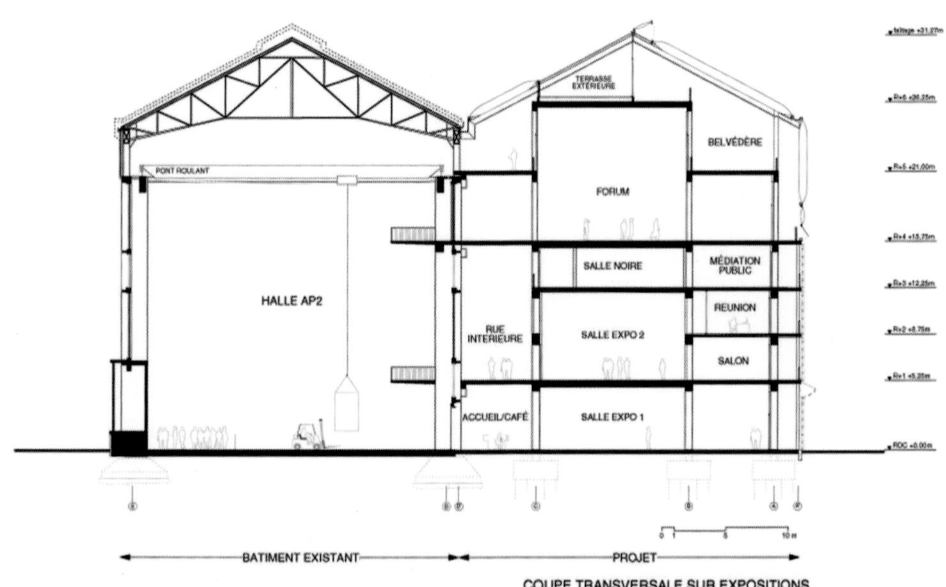

6.21

6.20/6.21　FRAC Nord-Pas de Calais 改建（六层平面图 / 剖面图）

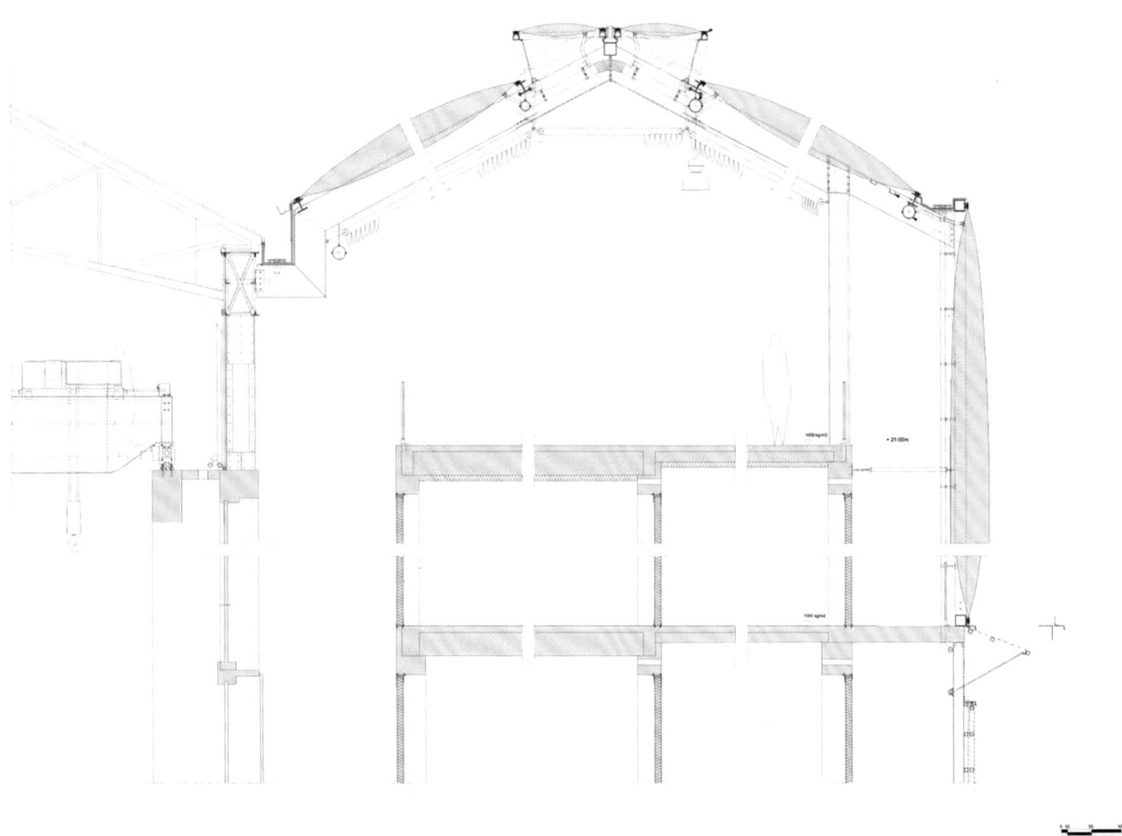

6.22

6.22　FRAC Nord-Pas de Calais 改建（剖面图）

6.23

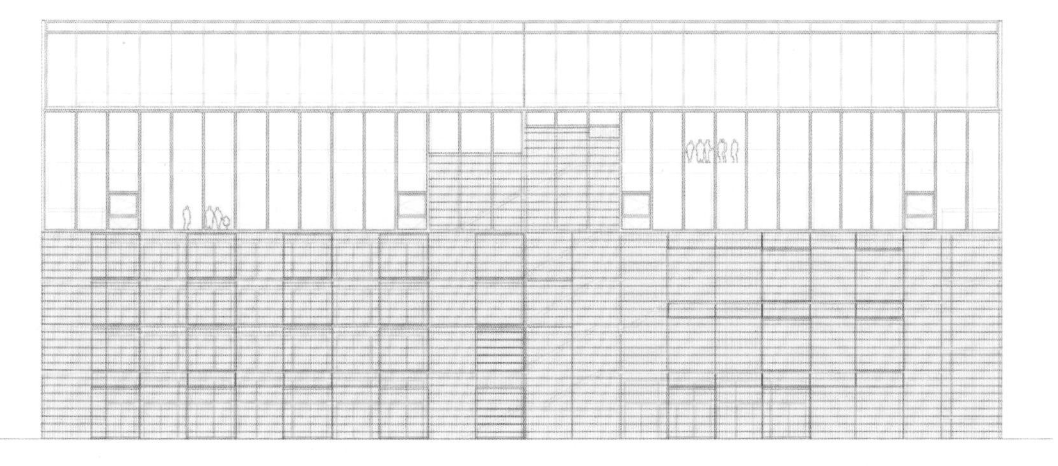

6.24

6.23/6.24 FRAC Nord-Pas de Calais 改建（东立面图 / 北立面图）

6.25

6.26

6.27

6.28

6.25/6.26/6.27/6.28　FRAC Nord-Pas de Calais 改建（展厅内景）

6.29

6.29　FRAC Nord-Pas de Calais 改建（展厅交流空间）

6.30

6.31

6.32

6.30 斯图加特中央火车站
6.31 斯图加特中央火车站 1965 年
6.32 斯图加特中央火车站效果图 1
建筑师：英恩霍文（Ingenhoven Architects）图片来源：Ingenhoven architects Projekt Archiv

6.33

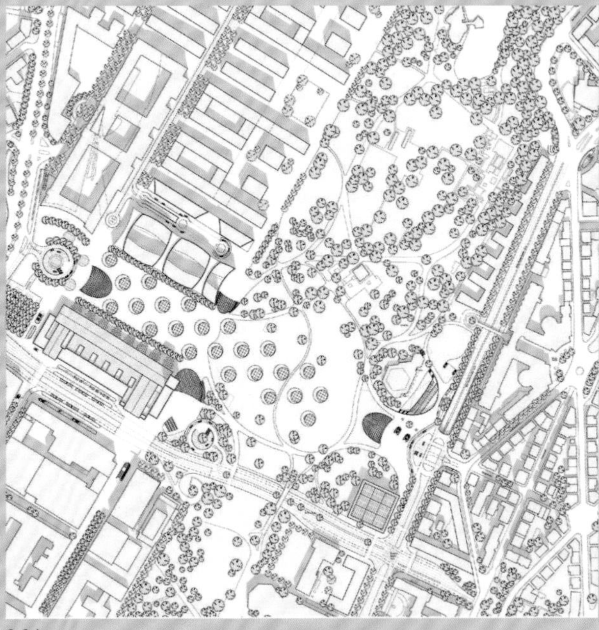
6.34

6.35

6.33 斯图加特中央火车站改建前卫星图
6.34 斯图加特中央火车站总平面图
6.35 斯图加特中央火车站效果图 2

6.36

6.37

6.38

6.39

6.36 斯图加特中央火车站 1930 年场景 1
6.37 斯图加特中央火车站 1930 年场景 2
6.38 斯图加特中央火车站室内改建 1
6.39 斯图加特中央火车站室内改建 2

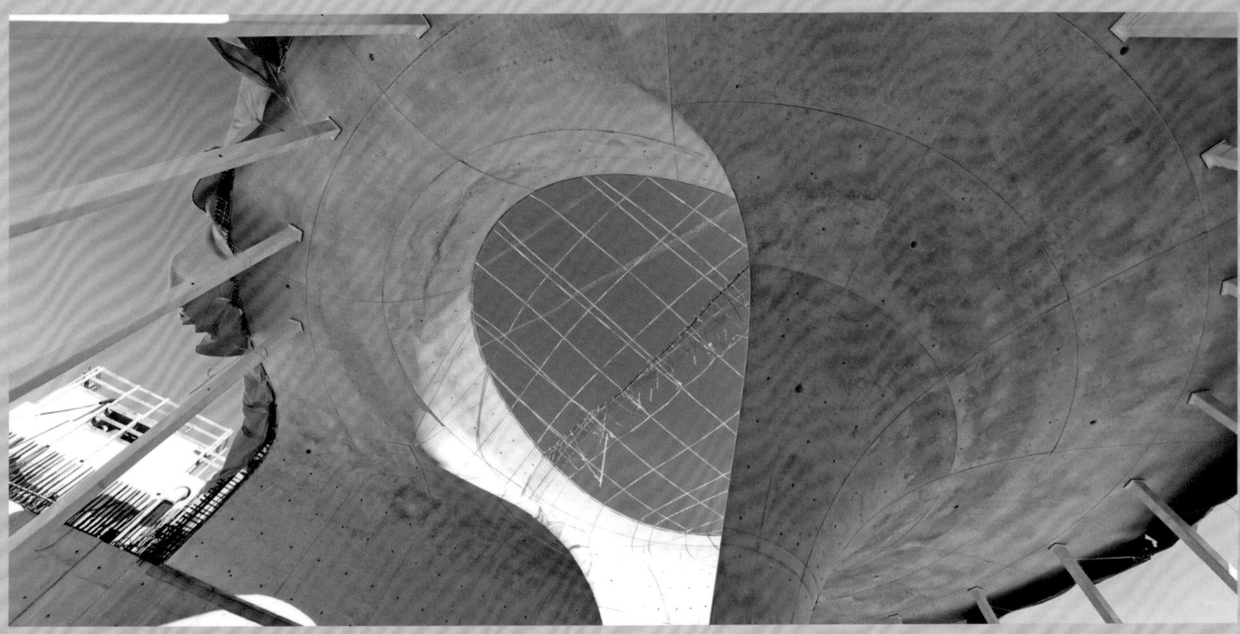

6.40

6.41

6.40 斯图加特中央火车站结构施工现场
6.41 斯图加特中央火车站 1 ∶ 1 现场模型
建筑师：英恩霍文（Ingenhoven Architects）图片来源：Ingenhoven architects Projekt Archiv

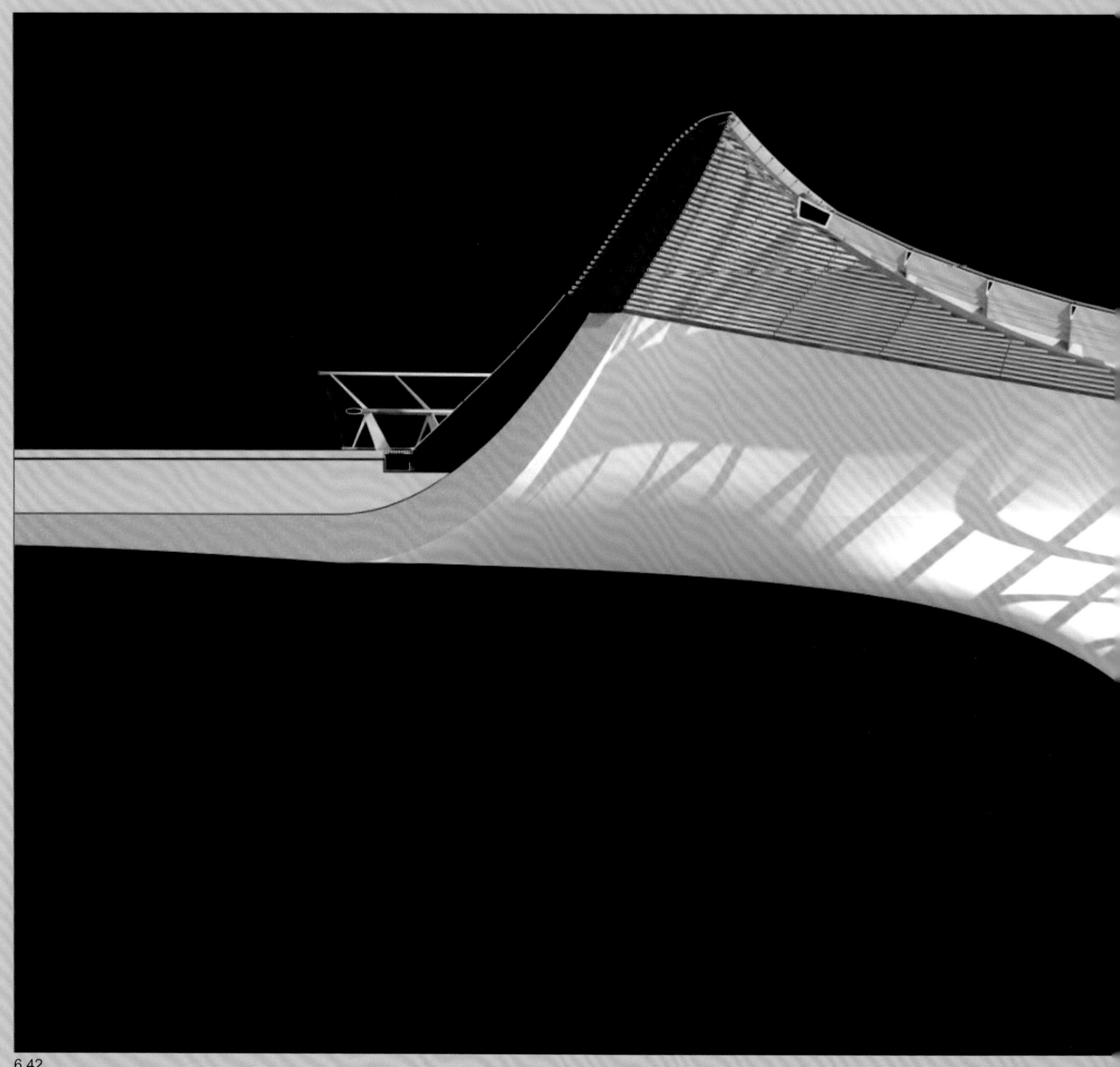

6.42

6.42 斯图加特中央火车站地下站台支撑“光眼”结构图　图片来源：Ingenhoven architects Projekt Archiv

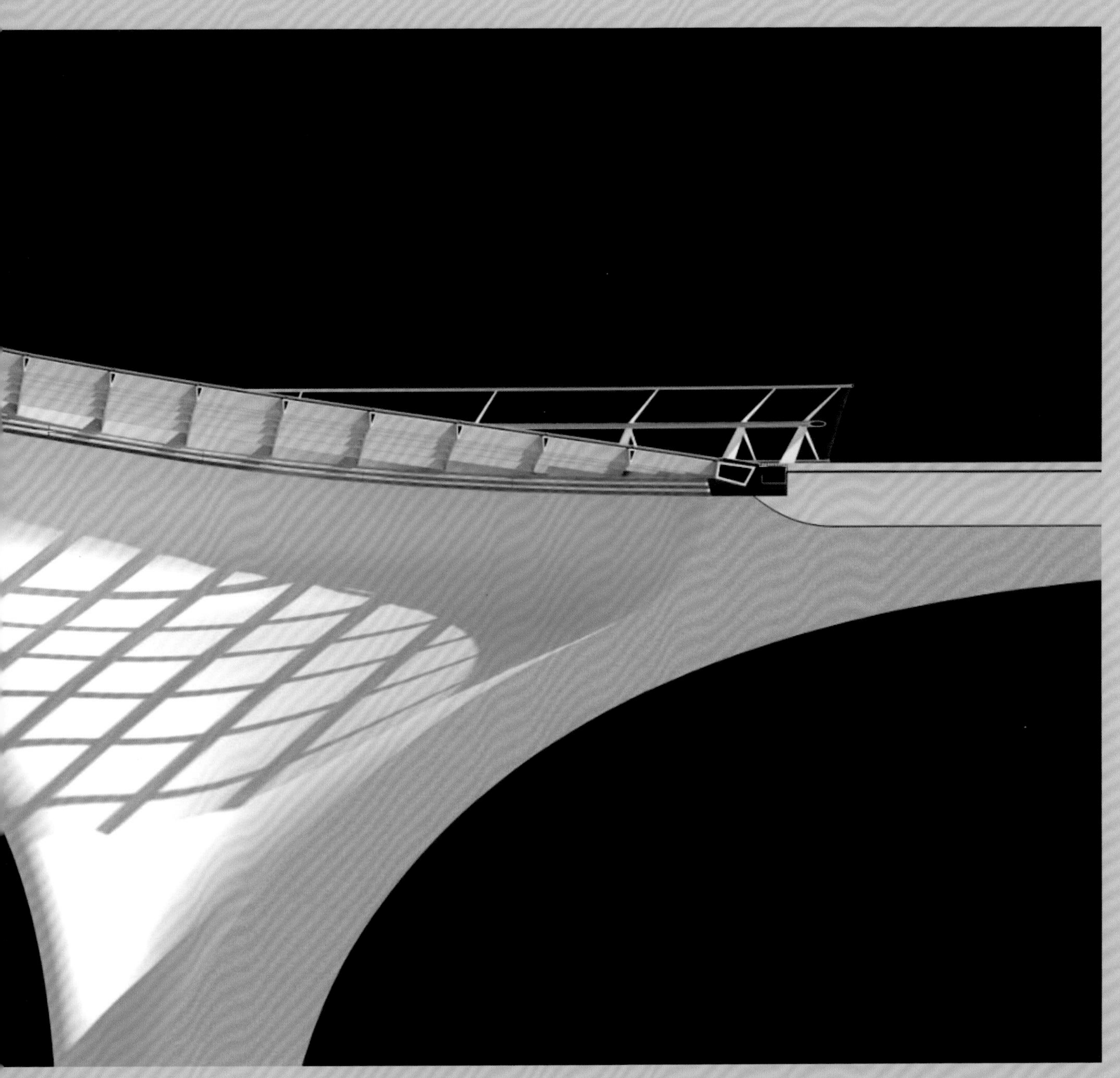

6.43

6.44

6.45

6.43/ 6.44/6.45 德国新表现主义画家马库斯 • 吕佩尔茨画作（表现鲁尔区工业场景）
图片来源：作者拍摄于 2017 年 3 月清华大学艺术博物馆作品展 ——从酒神赞歌到阿卡迪亚
马库斯•吕佩尔茨（Markus Lüpertz，1942.4.25），德国新表现主义的代表画家。在 20 世纪 70 —80 年代，他与乔治•巴塞利茨（Georg Baselitz）、约尔格•伊门多夫（Joerg Immendorf）、R. 文克勒（Ralf Winkler）、安塞尔姆 • 基弗（Anselm Kiefer）等人共同催生了“新表现主义”，有力地改变了西方当代艺术的“地形图”，之后对中国艺术产生了不可小觑的影响。

年代起，历史工业建筑的适应性受到欧美国家，乃至世界的重视。事实上，这些废弃的工业建筑不仅具有值得研究的宝贵历史价值，而且对于适应性再利用具有显著的现实价值。历史工业建筑和遗址见证了人类社会工业文明的发展，这些建筑的再利用对于可持续发展非常重要。根据欧盟委员的报告，历史工业建筑约占欧盟产生的所有废物的25%~30%，这些废物由许多材料组成，包括混凝土、砖、石膏、木材、玻璃、金属、塑料、溶剂、石棉和开挖土[117]。

工业遗产

工业遗产包含场地、结构、综合体、区域和景观，以及相关机械、设备、物资或文件，这些机械、设备、物资或文件提供了过去或现在正在进行的工业生产过程、原材料提取、转化为商品的证据，以及相关的能源和交通基础设施。历史工业建筑和遗址的定义可以从一般意义和具体意义进行解读。广义的历史工业遗产与建筑、工业考古学，以及与人文地理学中的文化景观和生产景观相关的“工业景观”，包含景观规划、考古和保护、制造技术、社会变迁、经济发展建筑遗产的评估与保护。狭义的历史工业遗产与建筑包含具体建筑物、生产设施、场地、运输设施。

工业建筑适于多种功能的改建。基于实用性、效率及安全的考虑，通常工业建筑体量简单，装饰极为简洁。其简单体量和简洁的外表符合经济要求。工业厂房的载重要求高于普通建筑，因此其结构的稳定性更高。较高稳定性的结构系统可以节省结构的维护费用，并适合于改建为各种类型的建筑。

改建一个工业建筑不仅仅基于其使用价值，同时具备更多的综合价值。其中包括：

（1）其中部分工业建筑具有美学价值，它们展示了当时的建筑类型和风格；

（2）其中部分工业建筑的生成过程具有价值；

（3）其中部分工业建筑展示了城市的发展方式；

（4）其中部分工业建筑是几代人的工作场地，是家园的一部分。

除了上述价值之外，这些建筑还包含了大量的材料，如果拆除建筑将消耗大量能源，但改建将会节省很多的能源，同时不会影响环境。杜塞尔多夫城市银行改建项目的核心意义是将一个20世纪60年代的窗墙立面修改为双层玻璃立面。双层玻璃的设计实现能源节约、健康工作的绿色目标。

改建的可持续性

如果建筑的可持续目标是持续不断地改建，那么旧建筑的改进和再利用就是实现这一目标的策略之一。建筑的适应性和再利用的可能性是建筑可持续发展的重要因素，这可避免拆迁和重建对资源的浪费和环境的破坏，同时，可以减少对土地的征用，节约建设成本。适应性再利用提高了建筑长期的实用性，相比拆除和重建更具可持续性。确定工业建筑的适应性再利用的积极效应可有利于可持续发展，其中包括：

（1）较少资源消耗、能源使用和排放；

（2）延长建筑的生命周期；

（3）比拆除和重建更具成本效应；

（4）在更长的时间范围内回收体现的能量；

（5）从非生产性财产中创造宝贵的城市资源；

（6）振兴地区经济；

（7）较少土地消耗和城市扩张；

（8）提升建筑与环境的美感；

（9）增加对存量建筑的需求；

6.46

6.47

6.48

6.46 水泥厂 La Fabrica 的改建
6.47 水泥厂 La Fabrica 被改建的住宅
6.48 水泥厂 La Fabrica 外立面的改建

（10）保留和保持位置感的街道景观；

（11）保持视觉的舒适性和文化遗产。[118]

现代对于工业遗产的改建最早始于 20 世纪。1973 年，巴塞罗那 (Barcelona) 有位私人开发商通过西班牙建筑师里卡多 • 波菲尔 (Ricardo Bofill，1939.12.5—2022.1.14) 的整体规划，将工业区进行了改建，改建成住宅和写字楼。与此同时，波菲尔购买了一个水泥厂房并改建成为自己的建筑师事务所，近 60 名建筑师和工作人员工作于此。被改建的建筑由多个筒仓构成。筒仓高 13m，为了能使日光进入筒仓，在筒仓中开凿了竖向的玻璃窗，以便满足日光需求。屋顶设置了常春藤及柏树，构成了一个视野宽阔的屋顶花园。

工业遗产改造的里程碑项目应属国际建筑展埃姆舍尔公园项目 (IBA Emscher Park)。该项目位于德国埃森，是鲁尔工业区采矿业所属不同类型工厂的组合，覆盖了埃姆舍尔河流域 800km^2 的巨大区域，包括 17 个城镇和 2 个行政区域，构成了欧洲最大生态与环境的恢复性项目。项目的规划包含了垃圾场的生态恢复、300km^2 的环境与建筑的规划、350km 封闭的排水线路的实施。

当生物学家在 1980 年访问大型鲁尔工业区的废弃部分时，他们在污染严重的部分发现了特殊的生物群落。尽管有重金属和厚厚的煤层，但有弹性的栖息地已经变化，有时还有稀有的植物和动物。由于表面是黑色，一些地方的温度高达 60℃。该地区不对人开放，埃姆舍尔河的水污染严重，不适合进行娱乐活动。1990 年，联邦北莱茵 - 威斯特法伦州启动了埃姆舍尔公园项目。该项目历时 10 年，制定了规划思路，为埃姆舍尔河沿岸、利佩河下游至鲁尔河下游 800km^2 的生态、文化、科学和社

6.49

6.49 水泥厂 La Fabrica 的改建
建筑师：Ricardo Bofill 竣工时间：1975 年
图片来源：https://www.wallswithstories.com/architecture/ricardo-bofills-cement-factory.html/https://ricardobofill.com/la-fabrica/see/

6.50

6.51

6.50 工作室
6.51 被改建的住宅
图片来源：https://www.wallswithstories.com/architecture/ricardo-bofills-cement-factory.html/https://ricardobofill.com/la-fabrica/see/

会发展提供了实际动力。埃姆舍尔的集水区现在已经从一个严重污染的露天下水道变成了一个大型的连续景观公园。运河被拆除，河岸被重组，并种植了新的植被，这样埃姆舍尔河和植物就可以慢慢地清理被污染的土壤。曾经是鲁尔区特色的重工业遗产已成为公园的一部分，为旧建筑和植被茂盛的“工业自然”赋予了新的功能——可能是不那么异国情调的新自然，但人们现在至少可以安全地参观。

在埃姆舍尔公园建筑改建项目中有两个重要项目被世界建筑界关注，其中包括福斯特设计的红点设计博物馆 (Red Dot Design Museum) 与库哈斯与 Boell 联合设计的鲁尔博物馆 (Ruhr Museum)。

被改建的建筑曾是埃森的矿业税务协会 (Zeche Zollverein) 的锅炉房，由福斯特于 1992—1997 年设计改建。该项目设计的重点不在于外部立面的更新，而是如何利用内部的机器形态创建新的空间与环境。内部空间的塑造通过现代工业展品，以及锅炉机械对比形成一种崭新的设计氛围，借助于玻璃台阶和走廊的设计强调

6.52

6.52 埃姆舍尔公园项目场景 1
图片来源： http://journalistroth.eu/iba-emscher-park-ideen-fuer-region-stuttgart-gesammelt/ https://www.iba27.de

6.53

6.54

6.53 鲁尔工业区改造总体规划　图片来源：https://grafit-werbeagentur.de/de/portfolioreader-grafit-details/-ef5dfca5.html
6.54 埃姆舍尔公园项目场景 2　图片来源：https://www.iba27.de

了工业技术与设计的关联。埃姆舍尔公园建筑改建项目实施以来，红点设计博物馆的设计方法与策略已成为工业遗产建筑的标准。它提供给我们如何将历史建筑及机械设备保留并组合在新空间内的一个范例。

当雷姆 • 库哈斯 (Rem Koolhass)、Heinrich Boell 和 Hans Krabel 于 2006 年合作设计位于以前的煤炭洗涤厂房时，埃森的矿业税务协会的部分建筑与环境已被联合国教科文组织列为国际文化保护遗产。这意味着，改建设计将是保护性的增补，不能随意修改。为此，设计采用了保护性的策略，建筑的外观不做任何修改，建筑本身作为展品展现。道路的导向通过一个外置的扶梯引导访问者从地面进入高层空间，让人感受和回忆煤炭在输送带上的场景。借助于橘黄色 - 黄色的灯光对黑色扶梯的照射，使访问者感受火炉中炽热煤炭冶炼情景。

6.2.3 改建的策略与方法

当一个历史性建筑物需要改建时，通常通过 3 个流程进行：①项目评估；②整体设计；③项目实施。建筑师关注的是前两个阶段的流程，以保证项目顺利实施。重要的是，建筑师有责任对项目提出评估意见，包含评判其历史价值、改建的必要性，以及保护性措施。

项目评估

项目的评估内容包含两个方面。其一，对建筑物历史价值的判断，判断其历史价值，尊重遗产保护。其二，对建筑物结构的评估，评估结构质量，提出结构的维护方案。

具有历史价值的建筑是我们文化遗产和城市景观的元素代表，不能随意修改和增添。建筑师需要根据文物

6.55

6.55 红点设计博物馆内景　建筑师：福斯特 竣工时间：1997 年 图片来源：https://www.fosterandpartners.com

6.56

6.56 红点设计博物馆外观

6.57

6.58

6.59

6.57/6.58/6.59 室内展厅

6.60

6.60 展厅 图片来源：https://www.fosterandpartners.com

等级、依据地方文物保护条例进行设计。通常，文物保护建筑的门窗反映了过去的工艺和装饰风格，不应随意更换，否则将失去建筑的原始魅力。如门窗由于年久失修必须更换，则需要重新制作金属构件，并根据传统工艺进行施工，以延续建筑的原始风格。

判断一个历史建筑是否有必要改建，首先需要评估其建筑结构的功能。如果结构不能继续承担荷载，则缺乏改建的必要性。如果建筑的结构依然稳定，则需要评估因改建而增加的荷载，并进行必要的加固，以确保结构的安全。

能源改造方法

能源改造的最大优势在于它是在与其他改造活动相结合的情况下实现的。根据欧洲多年改造经验，本节总结了四种能源改造方法：

(1) 额外隔热；

(2) 更换门窗并改善气密性；

(3) 改造通风系统；

(4) 利用太阳能。

6.61

6.61 埃森博物馆内部机械
建筑师：Rem Koolhass、Heinrich Boell、Hans Krabel　竣工时间：2015 年　图片来源：https://arquitecturaviva.com/works/museo-de-ruhr-y-centro-de-visitantes-3#lg=1&slide=9

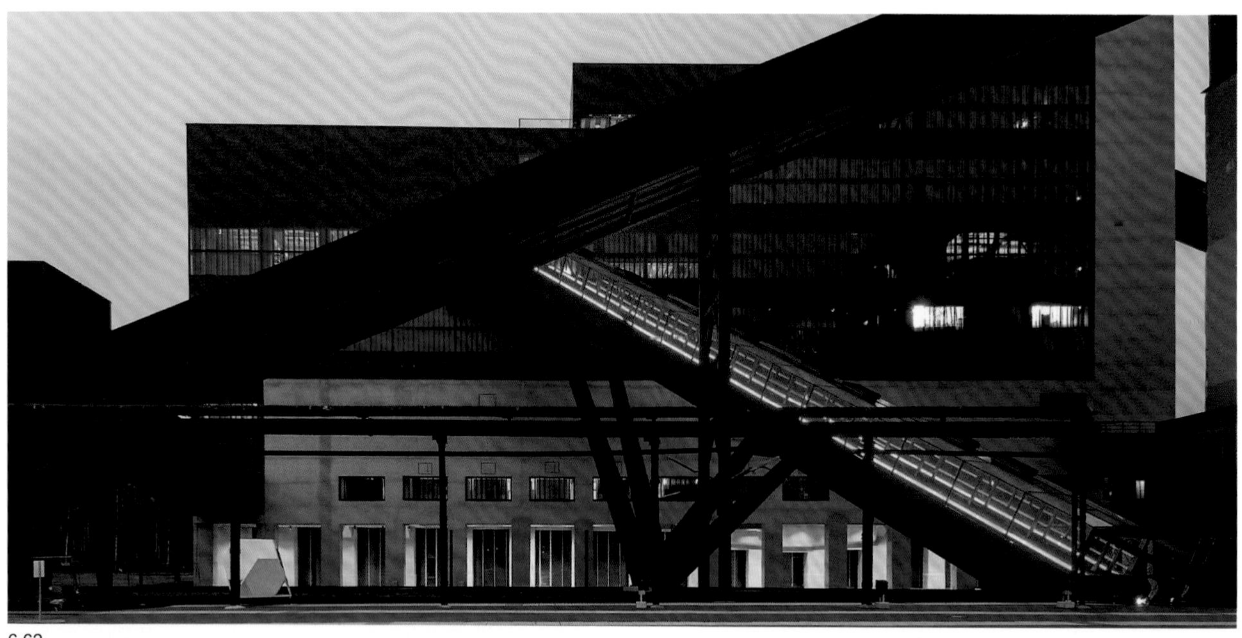
6.62

6.63

6.64

6.62 埃森博物馆立面
6.63 表现炼钢炉炽热的内部场景
6.64 输送带被改建为入口通道
图片来源：https://arquitecturaviva.com/works/museo-de-ruhr-y-centro-de-visitantes-3#lg=1&slide=9

a. 建筑围护结构的额外隔热。

外墙通常是建筑围护结构的最大面积，因此对建筑的热损失有很大影响。外墙的额外隔热可通过多种不同方式进行，欧洲通常使用的两大类是附加外部隔热和内部隔热。外墙附加隔热通常是外墙隔热的最简单的解决方案。在这种方法中，现有的水蒸气屏障可以保证墙体完整，则无须考虑外墙与内墙和楼板的接缝。然而，考虑到水蒸气的渗透性，新的外部隔热层和外部包层饰面不要太紧，以避免在新隔热层和现有墙体之间或外层面形成漏点而影响功效。附加聚苯乙烯绝缘层的厚度通常为 50~100mm。墙体的隔热性能可以增加一倍，但在实践中，平均提高幅度仅为 50%，这是翻新的过程中不良细节所致。

如果墙壁的内表面需要翻新，增加内部隔热是可行的。内部隔热通常需要在新的内墙层安装水蒸气屏障。只有在使用薄绝缘层时，才能对水蒸气从结构内部加以阻挡。在欧洲的住宅改建中通常在屋顶或内墙安装 12~25mm 厚的木纤维板。

对于低层住宅 (2~4 层) 或坡屋顶别墅，需要特别注意屋顶及底层的隔热防护。在有阁楼的建筑中，屋顶的额外隔热通常很容易。最简单的翻新方法是使用相同的绝缘材料，或使用木纤维板安装在顶部。底层在建筑热损失中的作用小于 10%。因此，必须通过底层隔热，才能实现建筑相对较小的能源改进。通常，在现有地板顶部增添隔热材料，或使用有效的隔热层来替换现有的隔热材料，来实现基础地板的额外隔热。

b. 更换门窗并改善气密性。

传统建筑中窗户的比例较小，而新建筑的窗户比例则大一些。无论其比例大小，通过窗户的热量损失可能与外墙的热量损失具有相同的数量级，因为窗户的导热系数明显高于墙壁。因此，更换窗户是改善能源的重要方法和策略。

门窗产业迅速发展，现今门窗具有很高的隔热系数。相对于 10 年前的门窗产品，现今 3 层玻璃窗的隔热系数要高出一倍。建筑构件之间的接缝间隙可能导致空气泄漏，这是因为建筑设施的结构中存有孔洞，以及缺乏绝缘。因此，窗框与建筑的节点处理必须保证其必要的密封性。

c. 通风系统改造。

通常，在传统的建筑中自然通风是主要通风渠道，特别是楼层较少的建筑、独栋住宅、多层住宅，甚至高度在 100m 以下的高层住宅。单纯的自然通风已不再是能源节约的最佳方式，而应采用自然通风和机械通风协同组合的通风方式。将自然通风系统升级为送排式机械通风，将改善整体的能源效率。住宅楼的通风系统通常是分布式机械送风、排风系统。在该系统中，所有间隔空间都配备独立的通风系统。如果对室内空气和能源效率要求高，则该系统特别适用。通风装置可以安置在厨房、浴室或储物间，以增加这些空间的换气率。

6.65

6.66

6.65 杜塞尔多夫媒介园改建 图片来源：https://www.ingenhovenarchitects.com/
6.66 杜塞尔多夫媒介园历史图片 图片来源：https://medienhafen-dus.de/historie/

6.2.4 项目实践

6.2.4.1 杜塞尔多夫普朗格面粉厂 (Plange Muehle) 园区改建

杜塞尔多夫媒介港码头是另外一个工业遗产改建的重要范例，其中面粉厂的改建更具代表性。面粉厂建于 20 世纪初，被北威州列为州级文化遗产保护。2010 年，英恩霍文演绎了同波菲尔相同的改建历程，购买了当时闲置多年的厂房的产权，随后，进行了建筑与环境的设计改建。英恩霍文将厂房、设施及环境改建成现代的办公空间，将自己拥有 100 位建筑师和工程师的建筑师事务所安置在其中，并设计了部分服务设施，如餐厅、咖啡和小卖部。在改建的办公空间中，英恩霍文只使用了少部分的空间，其中大部分空间租给了其他使用者。

普朗格面粉厂园区位于杜塞尔多夫媒介港区域，是媒介港整体改造的一部分及延伸。杜塞尔多夫媒介港是德国莱茵 - 鲁尔区域经济转型的典型代表，也是自生产性区域转型为服务型区域的成功代表，同时是杜塞尔多夫整个城市转型的重要组成部分。20 世纪 70 年代，随着鲁尔工业区钢铁制造业的萎缩及水路物流的减少，杜塞尔多夫港口逐渐失去了价值，政府自 1976 年开始规划改建， 1989 年开始部分区域的改建，直至形成今日的媒介港，为杜塞尔多夫地区的服务型行业提供了现代的办公及生活空间。

媒介港的文物保护建筑并不多见，很多建筑因缺乏历史价值而拆除。而位于媒介港东北侧的粮仓（Siloanlage Plange Muehle）建筑群是个特例，它属于文物保护建筑，是鲁尔区的工业遗产。2014 年，由建筑师事务所英恩霍文设计改建东北侧的木质粮仓 (Holzsilo)，于 2016 年 12 月全部改建完工。东南侧的水泥粮仓 (Betonsilo) 于 2016 年开始改建，于 2022 年完工。整体建筑由 20 世纪初快速发展的企业 Gerog Plange 建造，1906 年，在港区举行了普朗格面粉厂奠基仪式。1923 年，在几何体建筑的旁边加建了水泥材质的圆柱塔粮仓建筑，由当时著名建筑师 Wach 和 Roskotten 设计建造，其体量和风格是 20 世纪 20 年代的典型新建筑形式。整个建筑群由不同形式的建筑体构成，包括木结构

6.67

6.68

6.67 杜塞尔多夫普朗格面粉厂历史图片 1　图片来源：https://www.ingenhovenarchitects.com/
6.68 杜塞尔多夫普朗格面粉厂改建　图片来源：https://www.ingenhovenarchitects.com/

粮仓。木结构粮仓在第二次世界大战结束后重新建造，但由于生产需求改变，建筑形体已改变许多。

在改建过程中原有建筑的保留成为设计的重要议题，圆柱塔的外墙立面、防盗窗、原有承重墙、桥梁、弓形结构梁的改建设计得到了文物保护局的认同，木结构粮仓受到文物保护局的高度关注，粮仓的屋顶及粉刷墙面被重新建造。粮仓深红色砖结构外墙立面表现了当时鲁尔工业区工业建筑的最佳质量，是传统的现代风格的集中表现。

木质粮仓改建

主楼木质粮仓的翻新工程于 2003 年完成。主楼的标志是钟楼，钟楼顶部镶嵌着一只青铜鹰，它是旧工业港口的地标。钟楼两侧是粮仓、车间和首席磨坊主的房子。木质的仓筒及工业部件几乎完全保留，并在外立面及内部的装饰中体现。东北侧立面保留了钟塔的原始造型和装饰，同时通过现代的玻璃窗翻新了立面。西南立面保留钟塔的装饰风格，与翻新的立面相结合，表现了传统文化与现代工业的有效连接。将原始东南侧的筒仓改建为现代立面，意在表现时代精神与传统文化的和谐联系，同时，为灵活和伸缩性办公提供更为实用的面积与空间。

在外观上，木质仓筒的特点是砖和泥灰表面的交替对比，通过首层的深红色外墙的拱形窗户予以强调。根据文物保护条例，将原始的立面、格子窗、现有墙壁、桥梁、拱门和塔楼进行了保留式翻新。原有砖墙建筑的内部是木质结构筒仓单元，并与外立面的圆形锚板连接固定。东南侧仓筒的内部、屋顶和表层被拆除，以延续东北侧的立面风格。

木质粮仓的室内被改建为不同空间形式的办公室，借助于原始的大面积外窗，通过全新更换，提供给办公空间更多的自然光线，同时具备高效保温的功效。最早入驻的企业包括英恩霍文建筑事务以及其他设计、时尚类的公司。

水泥粮仓改建

水泥粮仓建于 1929 年，位于木质粮仓的东南侧。由 10 个钢筋混凝土的圆柱体构成，高近 30m，成对排列。2000 年 4 月，被认定为文物保护建筑。今日水泥粮仓已被英恩霍文建筑团队改建成为骨科医院，设有接待室、手术室和住院病房。其他医疗设备及治疗空间将继续改

6.69

6.70

6.69 杜塞尔多夫普朗格面粉厂历史图片 2
6.70 杜塞尔多夫普朗格面粉厂木质粮仓改建

建，同时配备了不同形式的办公空间。

考虑到水泥粮仓的建筑类型，将水泥粮仓改造为现代用途的空间特别具有挑战性。设计工作在与文物保护管理机构密切协商的情况下进行。圆柱形粮仓被竖向切开，拆除了筒仓内墙并增加楼板，同时在九个圆柱体中增加窗户，使之成为有效空间。位于中部的水泥筒仓保留了原始的封闭状态，内设主楼楼梯、两部电梯和一部货梯。日光通过新加建的铝合金窗进入室内，形成明亮的自然光照射效应。

位于八层后退于主体建筑的长条形体量，被称为“天桥”，它将水泥粮仓和临近的木质粮仓连接，被设计为办公空间，而粮仓的顶部可以作为办公空间的露台使用。通过落地窗人们可以欣赏杜塞尔多夫港口和城市中心的远景。根据当地规范，混凝土粮仓被认定为高层建筑，其高度高于地面 28.9m。毗邻仓筒并高出“天桥”的楼梯井塔被彻底改建，被设计为一个符合现行规范的紧急楼梯井。

依据文物保护部门的建造条例，在建设过程中不允许在立面上开设临时运输口，因此，水泥粮仓的施工运输入口被设计在屋顶，所有建筑材料、设备通过屋顶的开口运输。在翻新过程中，立面使用了一层 150mm 厚的灰泥层，以取代传统的复合保温构造。

到 2025 年，该建筑群将补充两座新建筑，即办公楼和车库。办公楼是一座八层砖砌建筑，以其高空间和高度灵活的平面图唤起了对该地区的工业历史记忆。车库设计为一个错层式停车场，拥有超过 500 个停车位，一个交通枢纽，包括自行车租赁和维修站、电动汽车充电站、旅行结束设施，以及直升机和无人机着陆场。多层停车场的外墙将被完全绿化。

整体建筑已通过了最高的绿色建筑标准认证，包括 DGNB Platinum 和 WiredScore Gold，并根据从摇篮到摇篮的全生命周期建筑原则进行规划。

6.71

6.72

6.71 杜塞尔多夫普朗格面粉厂木质粮仓改建
6.72 杜塞尔多夫普朗格面粉厂木质粮仓改建（英恩霍文建筑师事务所办公楼） 建筑师：英恩霍文（Ingenhoven Architects） 竣工时间：2016 年
图片来源：www.ingenhovenarchitects.com

6.73

6.74

6.73 杜塞尔多夫普朗格面粉厂木质粮仓改建（英恩霍文建筑师事务所办公楼内景）
6.74 杜塞尔多夫普朗格面粉厂木质粮仓改建（英恩霍文建筑师事务所办公楼外景）

6.75

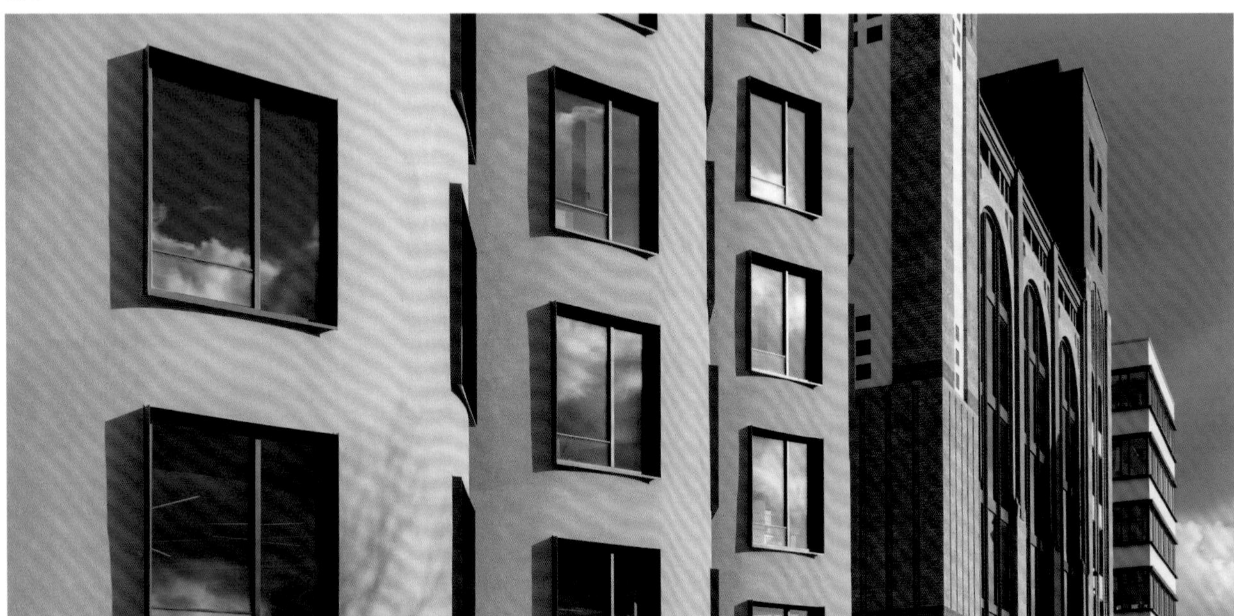

6.76

6.75/6.76 杜塞尔多夫普朗格面粉厂水泥粮仓改建
建筑师：英恩霍文（Ingenhoven Architects）竣工时间：2016 年 图片来源：www.ingenhovenarchitects.com

6.77

6.78

6.77 水泥粮仓改建（骨科医院）
6.78 水泥粮仓改建（骨科门诊前台）

6.79

6.80

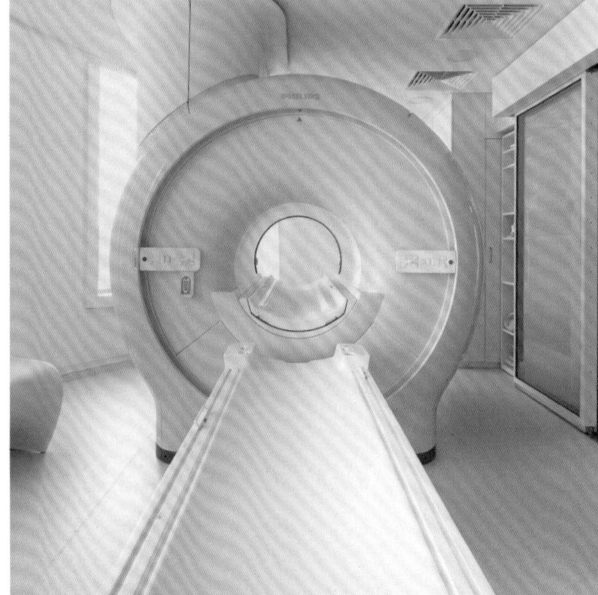

6.81

6.79 外立面修复性改建
6.80 诊室
6.81 CT 检查室
建筑师：英恩霍文（Ingenhoven Architects） 竣工时间：2016 年 图片来源：www.ingenhovenarchitects.com

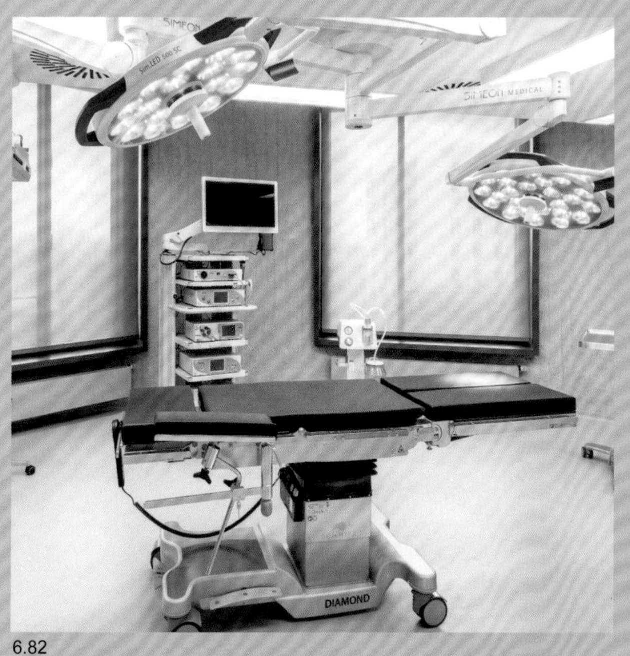
6.82

6.83

6.84

6.82 手术室
6.83 诊室
6.84 外观
图片来源：www.ingenhovenarchitects.com

6.85

6.85 赫斯特总部
建筑师：诺曼 • 福斯特（Norman Foster） 竣工时间：2007 年 图片来源：https://www.fosterandpartners.com

6.2.4.2 赫斯特总部改建

赫斯特总部项目是以设计结构为中心的案例，其结构形式包含了生态与环境的意义。该项目是一个建筑改建工程，在老建筑基础上新建一个高层塔楼。新的塔楼高出旧建筑 44 层，并通过一个环形玻璃廊道同老建筑连接。塔楼的底部是一个六层高的中庭空间，起到交通、交流和接待的功能。

赫斯特总部项目的结构设计决定了建筑造型、立面效果及空间布局。为了提高整体建筑的稳定性，结构设计采用了三角形的“对角”网格系统 (diagrid form)，该系统环绕着塔楼的四个立面，形成坚固的结构系统。“对角”网格系统提供了固有的横向刚度和强度，因此，对塔楼在重力、风压和地震荷载下的总体稳定性具有显著优势。此外，该结构系统的钢材用量比同等传统框架结构少 20%，再加上该项目 90% 以上钢结构含有回收材料，赫斯特总部项目获得 LEED 认证 “核心、外壳和内部”的金奖。尽管“对角”网格系统有固有的强度和刚度，但有必要在节点层之间设置对角构件，因为该系统基于其节点设置在 12m 的模块上，并置于在相隔四层的位置上。这样，结构和建筑形式的自然演变导致立面中凹陷的“鸟嘴”，这不仅仅突出本项目菱形斜撑的美学特征，同时还解决了在塔楼每个角落中每八层都有 6m 的悬臂结构震动问题。菱形的“对角”网格系统节点跨越四层，这种跨度需要一个二级横向连接构件以保持其结构稳定。横向的连接构件连接到楼板位置，并辅助了横向荷载，形成稳定的结构系统。

6.86

6.86 赫斯特总部室内

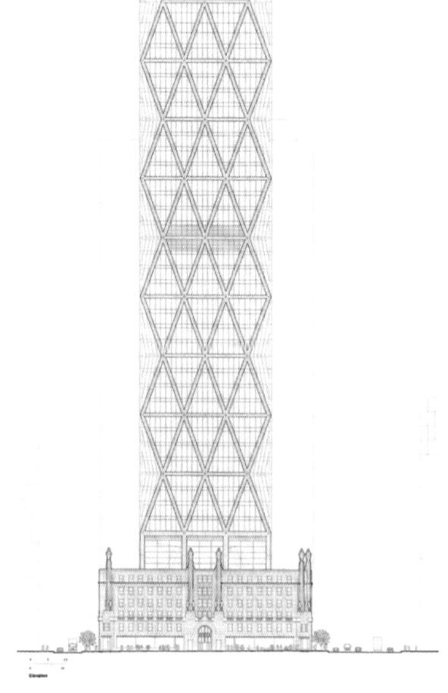

6.87

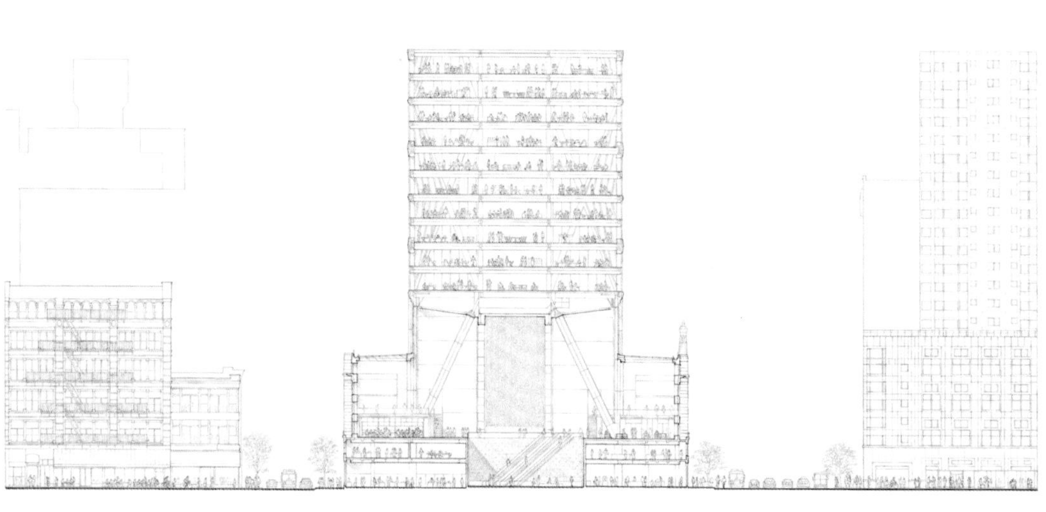

6.88

6.87 立面图
6.88 剖面图

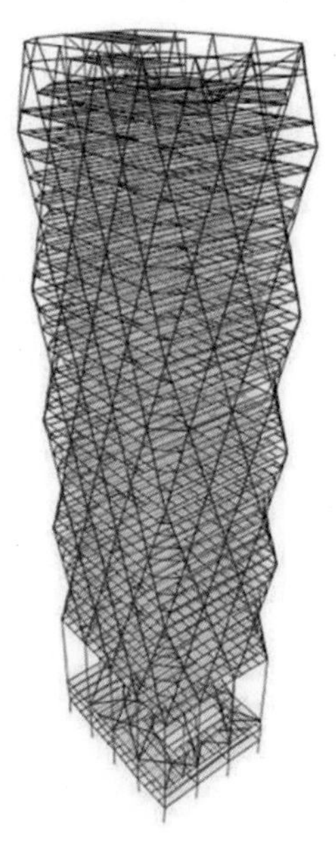

6.89

6.90

6.91

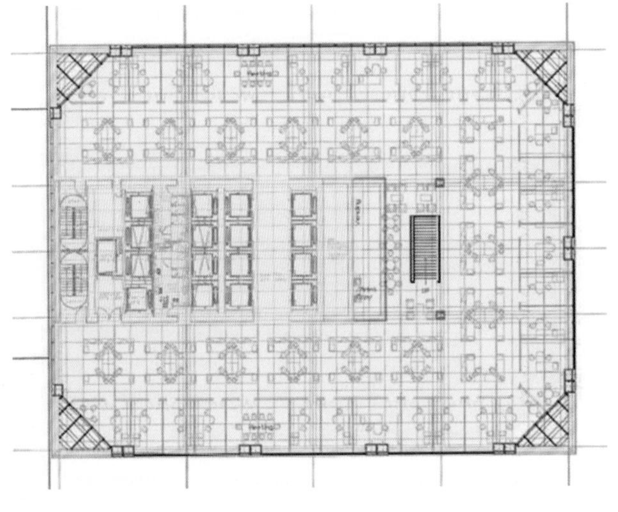

6.92

6.89 结构图
6.90 结构节点
6.91 基座
6.92 平面结构

6.93

6.93 赫斯特总部 图片来源：https://www.fosterandpartners.com

6.2.4.3 兰州双林净院改建

兰州双林净院是一座小型的汉传佛教寺院，位于城市南侧伏龙坪山坡上的居民区中。

寺院的设计中心思想是创造一个符合新时期国家宗教政策的绿色环保寺院，建筑风格为新中式。它既传承了中式建筑的精髓，又创建了符合时代精神的建筑形态，同时与国家绿色生态政策保持一致。整体建筑由大殿、东侧殿、西侧殿、禅房、寮房、香积厨、斋堂、执事堂、客堂及庭院等构成，层数为一层。寺院主入口位于东北侧，同前广场相连，次入口位于东侧，由坡道引入寺院。

寺院的建筑形式体现了中式传统建筑的营造内涵和装饰精华，通过时代的表现形式予以塑造。建筑的形态则借鉴了中国传统风格，将中式屋顶通过简洁的方式再现，同时与周围民居相协调。建筑的外墙使用了青砖和实木材质，延续了寺院和民居的传统材料，通过现代的营造技术予以实施。黑褐色的木质中式门窗，搭配中式图案，表现出传统文化与时代精神相融的建筑内涵。

寺院南侧是观音宝殿，正殿和东、西侧殿为佛事活动的主要场所。次入口处设计了残疾人洗手间及残疾人坡道，为残疾人参观提供了便利条件，同时也有助于寺院物资的运输和装载。正殿和东、西侧殿均设计了天窗，天窗不仅使大殿获得自然采光，而且能够迅速将大殿的热气排出，以保证优良的空气质量和健康的室内环境。

寺院的前广场和中广场均设计了绿色墙面和水系。墙面为立体的景观绿色植物，配备灯光系统，以增大绿植的面积。庭院内包含了景观雕塑、绿植、水系等，展现出组合变换所赋予的和谐、宁静及韵味，以实现绿色环保的寺院目标。

通过自然采光、自然通风和高效保温实现寺院建筑的节能设计。各殿均采用了天窗系统，白天能够获得自然采光，冬天可以为室内增温。春秋季，立面的开窗同天窗形成自然空气对流，将室内的热气排出，保证了空气的质量。建筑墙面厚度为 300mm，墙内采用外保温材料，使室内能源不易流失。

双林净院的新中式建筑，既有典雅庄重的殿堂气氛，又极富自然雅趣，且意境深远。

6.94

6.95

6.94 兰州双林净院立面改建
6.95 兰州双林净院寺院庭院改建
建筑师：北京德雅视界国际建筑设计有限公司　图片来源：北京德雅视界国际建筑设计有限公司

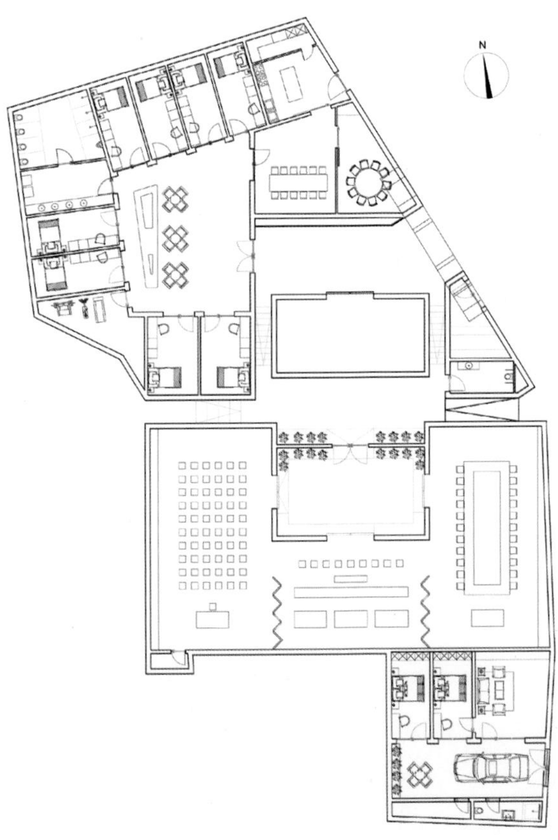

6.96

6.96 兰州双林净院改建平面图

6.97

6.97 兰州双林净院改建效果图

6.99

6.98 兰州双林净院改建观音殿效果图
6.99 兰州双林净院改建鸟瞰图
图片来源：北京德雅视界国际建筑设计有限公司

第 7 章　结语

本书基于对可持续建筑和可持续健康的指导性理论的研究，梳理出构成健康和绿色建筑的重要因素，生成了健康和绿色建筑并列的理论与实践。健康建筑的设计策略促使绿色建筑具有人文效应、环境效应和物理层面的舒适度，而绿色建筑则是构成健康建筑的基本要素。在绿色建筑的基础上，建筑师通过健康建筑策略的植入，并借助于行为理论和心理学理论，生成促进人类健康活动的建筑与环境。

基于作者长期对欧洲生态建筑的深入研究，挖掘出以克里斯多夫●英恩霍文和诺曼●福斯特为代表的、具有先锋意义的项目实践。这些项目实践包含了绿色建筑与健康建筑的双重内容，在环境、空间和技术的设计和策略应用中，通过中庭、空气、采光的设计，以及物理层面需求设计，形成了包含健康意义的绿色健康，为健康建筑提供模型和发展方向。

在《国家中长期科学和技术发展规划纲要（2006—2020 年）》中，涉及绿色建筑技术的重要课题有“绿色建筑关键技术研究”“现代建筑设计与施工关键技术研究”“公共建筑绿色节能关键技术研究与示范”“目标和效果导向的绿色建筑设计新方法及工具”等。这些国家级的课题涵盖了健康与绿色建筑设计的技术、建筑设计的新方法及工具。因此，本书的选题符合纲要的方向和纲领。其次，本书可以对纲要提供补充，对中国绿色建筑的发展具有参考意义。

基于对“健康建筑”的综合研究，梳理人文因素的理论，得出两种线索的理论指导，以利于探索健康建筑。其一是由经济学家塞勒和桑斯坦提出的“助推”理论，从行为学的角度启示和帮助人们选择正确的行为。其二是由社会医学家安东诺夫斯基提出的“感知连贯性”理论。这两种理论，通过建筑师对空间环境的设计逻辑组织，将与人的行为、心理健康、社会支持、压力和适应力等健康变量产生关联，引导人形成健康的生活方式和积极行为模式。本书对多个项目实践进行综合研究，梳理出健康建筑综合设计策略与设计重点。

“亲生物建筑”是通过对建筑与环境中生物多样性的塑造，建立人与自然、植物和生物之间和谐共存的环境。“生物气候建筑”是利用当地的生物气候条件，通过科学的分析方法，建立利用自然资源和自然能源的建筑形式。对“亲生物建筑”和“生物气候建筑”的理论研究和分析，总结出其设计的基本策略和方法。“健康的阳光与空气”是物理层面的健康要素，有效使用自然光和空气不仅可以提高能源效率，还能满足健康的需求。对采光的研究分析，总结出高效利用自然光和优化人工光线的策略；对“空气与建筑”的技术分析，总结出自然通风和机械通风的设计策略和原则。

“健康建筑的设计”提供了构成健康建筑在技术层面的重要因素。其中在健康中庭、中庭技术的分项中，提出健康空间的技术要求和最佳模式，以及设计策略。在健康办公和健康居住的分项中，通过技术层面的综合分析，总结出健康办公与健康居住的技术与人文的需求和技术的解决策略。

在最后一章“健康建筑的重建与改建”中，通过“重建”和“改建”的理论研究，归纳出重建与改建的理由和原则，为重建和改建必要性提供文物保护意义的原则。其中，在可持续性改建中，讨论了工业历史建筑的改建，为工业遗产的改建提供理论依据和改建策略，通过前沿的改建实践，较全面解析了重建和改建的理论与实践。

参考文献

[1] 习近平：中国承诺实现从碳达峰到碳中和的时间，远远短于发达国家所用时间，2021-04-22 新华社，http://www.gov.cn/xinwen/2021-04/22/content_5601515.htm

[2] 习近平出席《生物多样性公约》第十五次缔约方大会领导人分会并发表主旨讲话：http://www.news.cn/world/2021-10/12/c_1127949239.htm

[3] 信息来源：https://de.wikipedia.org/wiki/Nachhaltiges_Bauen

[4]Terry Williamson, Antony Radford and Helen Bennetts, Understanding Sustainable Architecture,London and New York: Spon Press,2003; reprint:2004,p4

[5] https://www.bmnt.gv.at/umwelt/nachhaltigkeit/nachhaltigkeit.html

[6] James Wines,Green Architecture,Koeln:Taschen, 2008, p38

[7] James Wines,Green Architecture,Koeln:Taschen, 2008, p20

[8] Sim Van der Ryn and Stuart Cowan,Ecological Desgn,Washington:Island Press,1996, p24

[9] Sim Van der Ryn and Stuart Cowan,Ecological Desgn,Washington:Island Press,1996, p40

[10]James Wines, Green Design Takes Root:Highlight &Trailblazrs, Britannica Blog, August.8.2008.

[11]Graham Farmer and Simon Guy, "Hybrid environments, The spaces of sustainable design", Sustainable Architectures:Cultures and Natures in Europe and North America, Simon Guy and Steven A.Moore(ed),London and New York:Spon Press, 2005, p15

[12]Graham Farmer and Simon Guy, "Hybrid environments, The spaces of sustainable design", Sustainable Architectures:Cultures and Natures in Europe and North America,Simon Guy and Steven A.Moore(ed), London and New York:Spon Press, 2005, p5

[13] What is green building? www.worldgbc.org/what-green-building

[14]Office of the Federal Enviromental Executive,"The Federal Commitment to Green Building: Experiences and Expections,"18 September 200

[15] GB/T50378《绿色建筑评价标准》2019 与 2014 新旧条文对比，http://www.zjlsjc.com/Newsshow_331.html

[16] WHO1997;fuer die Europaeische Region: WHO 1998 und 1999; Gesundheitsfoerderung 3:Entwicklung nach Ottawa

[17] WHO 1999, Kap.5, p91

[18] Baum, Jolley, Hicks, Saint Parker, 2006

[19] Fehr 2001; Fehr, Neus&Heudorf 2005

[20] Rainer Fehr, Claudia Hornberg(Hrsg.), Stadt der Zukunft-Gesund und nachhaltig,Brueckenbau zwischen Disziplinen und Sektoren, Edition Nachhaltige Gesundheit in Stadt und Region/Band1. Oekom Verlag

[21]World Health Organization. 1946. WHO definition of Health, Preamble to the Constitution of the World Health Organization as adopted by the International Health Conference, New York, pp. 19–22 June 1946; Signed on 22 July 1946 by the representatives of 61 States (Official Records of the World Health Organization, no. 2, p. 100) and entered into force on 7 April 1948.

[22]Talcott Parsons: Definition von Gesundheit und Krankheit im Lichte der Wertbegriffe und der sozialen Struktur Amerikas. In: Alexander Mitscherlich, Tobias Brocher, Otto von Mering, Klaus Horn (Hrsg.): Der Kranke in der modernen Gesellschaft. Kiepenheuer & Witsch, Köln / Berlin 1967, pp. 57–87.

[23]WHO(1999).Gesundheit21-Das Rahmenkonzept"Gesundheit fuer Alle"fuer die Europaeische Region der WHO.Kopenhagen. Europaeische Schriftentreihe "Gesundheit fuer alle" Nr.6,Kopenhagen

[24]Corona Krise:Rueckblick auf die Prognosen fuehrender Organisationen und Wirdschaftsinstitute zur Entwirklung des Bruttoinlandsprodukts(BIP) in ausgewaehlten Laendern im Jahr 2020

[25]Public Health England (2017), Health profile for England, Public Health England Publication , Londen.

[26]WHO (2017a), "NCD mortality and morbidity. WHO Global Health Observatory (GHO) data"

[27]WHO (2018b), "About WHO. WHO European Healthy Cities Network", available at: http://www.euro.who.int/en/health-topics/environment-and-health/urban-health/activitie s/healthy-cities (accessed 02 May 2018).

[28]Bloom, D.E., Cafiero, E.T., Jané -Llopis, E., Abrahams-Gessel, S., Bloom, L.R., Fathima, S., Feigl, A.B., Gaziano, T., Mowafi, M., Pandya, A. and Prettner, K. (2011), The Global economic burden of noncommunicable diseases, Geneva, World Economic Forum.

[29]Bouman O.(2007.Oktober19),Interview met Ole Bouman(C.Beke,Interviewer)Amsterdam: De Groene Amsterdanner

[30]Thaler, R,& Sunstein, C.(2008).Nudge.New Haven,Massachustts,United States of America:Yale University Press.p.6

[31]Thaler,R,& Sunstein, C.(2008).Nudge.New Haven,Massachustts,United States of America:Yale University Press.p.5

[32]Hausman, D.,Welch,B.(2010).Debate:To Nudge or Not to Nudge.The Joural of Political Philosophy,18(1), pp.123-136.

[33]Antonovsky A. (1987),Unraveling the msyter of health.San Francico:Jossey-Bass

[34]Antonovsky A. (1990) "A somewhat personal odyssey in studying the stress process", Stress Medicine,6(2), pp. 71-80.

[35]Strümpfer DJW, Gouws JF, Viviers MR (1998). Antonovsky's Sense of Coherence Scale Related to Negative and Positive Affectivity. European Journal of Personality 12(6): pp.457 – 480.

[36]Bergstroem,Martin; Hansson,Kjell:Lundbald,Ann-Marie;Cederblad,Marianne,Sense of coherence:definition and explanation ,Lund University, p224.

[37] The snowball effect of Health offices,CBRE 2017.

[38]RAAAF.(2014).The end of sitting.Opgeroepen op maar 13,2015,van RAAAF[Rietveld Architecture-Art-Affordances

[39]"What is biodiversity?" .United Nations Environment Programme, World Conservation Monitoring Centre

[40]Staff (6 May 2019). "Media Release: Nature's Dangerous Decline 'Unprecedented'; Species Extinction Rates 'Accelerating'". Intergovernmental Science-Policy Platform on Biodiversity and Ecosystem Services. Retrieved 9 May 2019

[41]"Escaping the 'Era of Pandemics': Experts Warn Worse Crises to Come Options Offered to Reduce Risk". Intergovernmental Science-Policy Platform on Biodiversity and Ecosystem Services. 2020. Retrieved 27 November 2020

[42]CBD (2000). Sustaining life on earth: How the convention on biological diversity promotes nature and human well-being

[43]Ahern, J., Leduc, E., & York, M. L. (2007). Biodiversity planning and design: sustainable practices. Island Press

[44]Costanza, R., d'Arge, R., De Groot, R., Faber, S., Grasso, M., Hannon, B., Limburg, K., Naeem, S., O'Neill, R.V., Paruelo, J., Raskin, R.G., Sutton, B., van den Belt, M. (1997). The value of the world's ecosystem services and natural capital.p.253

[45]Christian Schwaegerl,Dramatischer Uno-Brichte,Eine Million Arten von Aussterben Bedroht, Der Spiegel, 2018.05.07

[46]CBD (2000).Sustaining life on earth: How the convention on biological diversity promotes nature and human well-being

[47]Ahern, J., Leduc, E., & York, M. L. (2007). Biodiversity planning and design: sustainable practices. Island Press.

[48]CBD (1992). Convention on biological diversity. United Nations. p.3

[49]Müller, N., Werner, P., & Kelcey, J. G. (Eds.). (2010). Urban biodiversity and design. John Wiley & Sons.p.17

[50]Bennett, A. F. (1999). Linkages in the landscape: the role of corridors and connectivity in wildlife conservation. IUCN.

[51]Bennett, A. F. (1999). MacArthur & Wilson, 1967; Rosenzweig, 2003; Townsend et al, 2003, Linkages in the landscape: the role of corridors and connectivity in wildlife conservation. IUCN.

[52]Bräuniger, C., Knapp, S., Kühn, I., & Klotz, S. (2010). Testing taxonomic and landscape surrogates for biodiversity in an urban setting. Landscape and Urban Planning, 97(4), pp.283-295.

[53]Faeth, S. H., Bang, C., & Saari, S. (2011). Urban biodiversity patterns and mechanisms. Annals of the New York Academy of Sciences, 1223(1), pp.69-81

[54]Willson, E.O.1984.Biophilia.Cambridge, Ma: Harvard University Press.

[55]Newman, Peter. Can Biophilic urbanism deliver economic and social benefits cities?, Sustainable Built Environment National Research Centre, Australia, 2010

[56]Heerwagen, J.H., Restorative commons: creating health and well-being through urban landscapes, U.S. Depart of Agriculture, Northern Research Station:pp 38-57. 2009

[57]Browning, Bill, The economics of Bioplhilia , Terrapin Bright Green LLC New York NY, Washington 2012

[58]Ulrich, S. Roger. View through a window may influence recovery from surgery? US, 1984

[59]Bjørn, Grinde; Grindal, Grete. Biophilia: Does Visual Contact with Nature Impact on Health and Well-Being? Int. J. Environ. Res. Public Health, Norway, 2009

[60]Kellert,S.R.; Wilson,E.O. 1993. The biophilia hypithesis Washington, DC: Island Press.

[61]Ruiz, Fernando - http://www.ecobuildingpulse.com/green-building/biophilia-becomes-a- design-standard.aspx (25/10/2014)

[62]Kellert,D.S.(2015, june1).Nature by Design:the Practice of Biophilic Design.Retrieved January 29.2019,from https://blog.interface.com:http:// blog.interface.com/nature-by-design-the-practice-of-biophilic-design/

[63]Calabrese, E.F.(2017,december21).The Practce of Biophilic Design. Retrieved january12,2019,from https//www.researchgate.net:https:// www.researchgate.net/ publication/321959928_The_Practice_of_Biophilic_Design/download.

[64]Olgyay,Aladar and Victor Olgyay.1957.Design with Climate.Princetion:Princeton University Press.

[65]Al-musead A (2004). Intelligent sustainable strategies upon passive bioclimatic house. Arkitektskole Arhus, Denmark, p53

[66]Pearlmuttere D(1993). Roof geometry as a determinant of thermal zone,Architect Sci Rev36(2): pp57-79.

[67]Wilmers F(1991). Effects of vegetation on urban climate and building, Energy Build 15-16:pp507-518

[68] Amjad Almusaed Biophilic and Biocliamatic Architecture, Springer, p267.

[69] Martin Pauli Msc, Die Stadt von morgen ist Gruen, DBZ 2018/09/Bautechik.

[70]Meiss,P.van(1990), Elements of Architecture: From to Place.Presses Polytechniques Romandes, p.121
[71] Marietta S.Mille,Light Revealing Architecture,Van Nostrand Reinhold , p.60
[72] Tyng,A, Beginnings:Louis I.Kahn's Philosophy of Architecture, John Wiley&Sons, p.145
[73] Tyng,A, Beginnings:Louis I.Kahn's Philosophy of Architecture, John Wiley&Sons, p.146
[74]Project Summary Report, Daylight in Buiildings, Energy Conservation in Buildings&Community Systems & Solar Heating and Cooling Programmes,ECBCS Annex 29/SHC Task 21,p3
[75]D.Sandansamy,S.Govindarajane, T.Sundararajan,Natural Lighting in Green Buildings-an Overview and a Case Study, D.Sandansamy et al./ International of Engineeing Science and Technology
[76]Hyde R (ed)(2008) Bioclimatic housing – innovative design for warm climates.Earthscan. London
[77] Givoni B (1994) Passive and low energy cooling of building,Wiley, USA, p55
[78]R. Saxon, Atrium buildings development and design, 2nd edition, The Architectural Press London (1996)
[79]Meiss,P.van(1990),Elements of Architecture: From to Place.Presses Polytechniques Romandes,p.121
[80]Marietta S. Mille, Light Revealing Architecture, Van Nostrand Reinhold, p.60
[81]Tyng,A, Beginnings:Louis I.Kahn's Philosophy of Architecture, John Wiley&Sons, p.145
[82]Tyng,A, Beginnings:Louis I.Kahn's Philosophy of Architecture, John Wiley&Sons, p.146
[83]Project Summary Report, Daylight in Buiildings, Energy Conservation in Buildings&Community Systems & Solar Heating and Cooling Programmes,ECBCS Annex 29/SHC Task 21, p3
[84]D.Sandansamy, S. Govindarajane, T. Sundararajan, Natural Lighting in Green Buildings-an Overview and a Case Study, D. Sandansamy et al./ International of Engineeing Science and Technology
[85]Hyde R(ed)(2008)Bioclimatic housing –innovative design for warm climates.Earthscan.London
[86]Givoni B(1994)Passive and low energy cooling of building,Wiley, USA, p55
[87]R. Saxon, Atrium buildings development and design ,2nd edition, The Architectural Press London (1996)
[88]N. Lechner, Heating, cooling, lighting: Design methods for architects.2nd ed.,John Wiley New York(2001)
[89]Nick Baker and Koen Steemers, Energy and Environment in Architecture, A Technical Design Guide, E&FN SPON An Imprint of the Taylor & Francis Group London and New York, p69
[90]Creighton 2014; Parsons etal, 2012; Vischer, 2017.

[91]Haworth,Workplace Design for Well-being.p2
[92]World Health Organization,2010.
[93]World Green Business Council,2014
[94]Gallup,2011
[95]Pex Miller ,Mabel Casey,and Mark Konchar,2014
[96]Penders,2015.
[97]L.Berry,A.Mirabito,and W.Baun,2010
[98]Sustainability, Health and Architecture in the Home and Office: Air, Light and Sound: https://www.unstudio.com/en/page/10120/health-and-architecture-in-the-home-and-office-air-light-and-sound
[99]Joseph G.Allen ,John D.Macomber,What Makes an Office Building:https://hbr.org/2020/04/what-makes-an-office-building-healthy
[100]Joseph G.Allen ,John D.Macomber,What Makes an Office Building:https://hbr.org/2020/04/what-makes-an-office-building-healthy
[101]Joseph G. Allen ,John D. Macomber, What Makes an Office Building:https://hbr.org/2020/04/what-makes-an-office-building-healthy
[102]N. Oseland and P. Hodsman 2015
[103]Sustainability, Health and Architecture in the Home and Office: Air, Light and Sound: https://www.unstudio.com/en/page/10120/health-and-architecture-in-the-home-and-office-air-light-and-sound
[104]Sustainability, Health and Architecture in the Home and Office: Air, Light and Sound: https://www.unstudio.com/en/page/10120/health-and-architecture-in-the-home-and-office-air-light-and-sound
[105]A. Patel, L. Bernstein, A. Deka,H.Spencer,P. Campbell,S.Gapstur,G.Colditz,and M.Thun,2010
[106]Kay,2013
[107]Basic Princples of Healthy Housing:https://www.cdc.gov/nceh/publications/ books/housing/cha02.htm
[108]U.S. Department of Health and Human Servies, U.S. Department of Housing and Urban Development, Healthy Housing Reference Manual
[109]Healthy Hpmes Barometer 2017,Building and Their Impact on the Health of Europeans,VELUX
[110]Zilber SA. Review of health effects of indoor lighting. Architronic 1993; 2(3). Available from URL: http://architronic.saed.kent.edu/v2n3/v2n3.06.html.
[111]Projektinformation, Werner Sobek, Engineering & Design, Projekt Aktivhaus B10, Energiekonzept.
[112]Projektinformation, Werner Sobek, Engineering & Design , Projekt Aktivhaus B10, Energiekonzept.
[113]The Burra Charter, The Australia ICOMOS for Places of Cultural Significance
[114]"Secretary of Interior's Standards for Reconstruction". Preservation Service of the United States National Park Service. April 2011

[115]Operational Guidelines for the Implementation of the World Heritage Convention (Paris: UNESCO, revised 2005) §86. The wording is almost identical in the previous version of the Operational Guidelines concerning authenticity, with the significant addition of the words ‘of the original’: ‘(the Committee stressed that reconstruction is only acceptable if it is carried out on the basis of complete and detailed documentation of the original and to no extent on conjecture)’ (Paris: UNESCO World Heritage Committee, 1998) §24(b) (I).

[116]The Burra Charter, The Australia ICOMOS for Places of Cultural Significance

[117]European commission official website(2017) http://ec.europa.eu/

[118]Bullen , P.(2007). Adaptive reuse and sustainability of commercial building. Facilties, 25(1/2), 20-31. http://dx.doi.org/10.1108/02632770710716911

作者简介

蔡大庆，男，出生于 1964 年 6 月，毕业于合肥工业大学建工系，攻读建筑学及工民建两个专业。1986 年分配到安徽省建筑设计院工作；2002 年调入中国建筑科学研究院，历任中国建筑技术集团设计院设计四所所长、副院长。1995 年通过国家首届一级注册建筑师考试，1997 年获得高级建筑师职称，北京相关规划部门项目评审专家，北京相关政府全过程工程咨询专家。从事建筑研究设计工作 36 年，主持和参与了国内多个重大项目的规划和设计工作，对城市规划及建筑设计工作方面有独到的见解，能够准确理解、把握业主对建设项目的需求，进行优化成本控制；主持过数百项重大工程，包含超高层综合体、五星级酒店、体育场馆文体建筑、生物医疗建筑、物流产业园、智慧居住小区等，同时具有丰富的项目全过程咨询过程的管理工作经验。

在绿色建筑设计领域，他专注于建筑的全生命周期的可持续设计，通过建筑结构的优化、材料的选择、设备的选型，达到建筑在经济、社会和生态层面的绿色目标。

郭小平，男，出生于 1964 年 4 月，清华大学工学博士、德国工学硕士、德国注册建筑师。曾任职于英恩霍文建筑师事务所建筑师；香港华艺建筑设计顾问有限公司主创建筑师；北京五合国际建筑设计有限公司设计总监；中国建筑科学研究院、中国建筑技术集团有限公司建筑设计院设计总监；2012 年创建北京德雅视界国际建筑设计有限公司，专注于生态建筑设计、生态建筑技术的研发工作。参加和主持了国内和国际多个生态型城市综合体、超高层、酒店和住宅项目。

在可持续建筑设计研究领域，他以研究仿生建筑、轻质结构为基础；以探索生物建筑为核心；以发展协同建筑系统为延伸，以多学科和跨专业的协同研究模式探索未来建筑的设计、施工，以及全生命周期建筑的运行、制造和再使用。

书籍装帧：高蓝聪 杨迪　　封面设计：关澍 骆萧宇

感谢结构工程师王霞、设备工程师李雅铃、电气工程师李宏森的技术支持！

图书在版编目（CIP）数据

健康与绿色建筑 / 蔡大庆, 郭小平著. -- 武汉：华中科技大学出版社, 2022.10
ISBN 978-7-5680-8673-8

Ⅰ.①健… Ⅱ.①蔡… ②郭… Ⅲ.①生态建筑－研究 Ⅳ.①TU-023

中国版本图书馆CIP数据核字（2022）第148286号

健康与绿色建筑
JIANKANG YU LVSE JIANZHU

蔡大庆　郭小平　著

出版发行：华中科技大学出版社（中国·武汉）　　电话：（027）81321913
地　　址：武汉市东湖新技术开发区华工科技园　　邮编：430223

策划编辑：彭霞霞　　封面设计：关　澍　骆萧宇
责任编辑：周怡露　　责任监印：朱　玢

印　　刷：武汉精一佳印刷有限公司
开　　本：880 mm×1230 mm　1/16
印　　张：14
字　　数：291千字
版　　次：2022年10月第1版 第1次印刷
定　　价：198.00元

本书若有印装质量问题，请向出版社营销中心调换
全国免费服务热线：400-6679-118 竭诚为您服务
版权所有　侵权必究